Dreamweaver 网页设计与制作
完全实训手册

周伟　李娟　徐海燕　编著

清华大学出版社
北　京

<h1 style="text-align:center">内 容 简 介</h1>

本书根据使用 Dreamweaver CC 2018 进行图形绘制和平面设计的特点，精心设计了 100 个实例精讲，循序渐进地讲解了使用 Dreamweaver CC 2018 制作和设计专业网页作品所需要的全部知识。全书共 9 章，分别讲解了 Dreamweaver CC 2018 的基本操作、丰富网页内容、网页开发语言入门、娱乐休闲类网页设计、商业经济类网页设计、网络科技类网页设计、旅游交通类网页设计、生活服务类网页设计、购物类网页设计，通过大量的实例精讲帮助读者全面掌握网页制作的方法和操作技巧等内容。

本书采用实例教程的编写形式，兼具技术手册和应用专著的特点，附带的教学视频如老师亲自授课一样生动，内容全面、结构合理、图文并茂、实例精讲丰富、讲解清晰，不仅适合广大图像设计初、中级爱好者使用，同时也可以作为大、中专院校相关专业，以及社会各类初、中级网页培训班的教学用书。

本书配送的资源内容为本书所有实例精讲的素材文件、场景文件，以及实例精讲的视频教学文件。

图书在版编目(CIP)数据

Dreamweaver 网页设计与制作完全实训手册 / 周伟，李娟，徐海燕编著. —北京：清华大学出版社，2022.6（2024.1重印）

ISBN 978-7-302-60143-2

Ⅰ.①D… Ⅱ.①周…②李…③徐… Ⅲ.①网页制作工具 Ⅳ.①TP393.092.2

中国版本图书馆CIP数据核字(2022)第025854号

责任编辑：张彦青
封面设计：李　坤
责任校对：李玉茹
责任印制：丛怀宇

出版发行：清华大学出版社

网　　　址：https://www.tup.com.cn，https://www.wqxuetang.com

地　　　址：北京清华大学学研大厦 A 座　　　　　　邮　　编：100084

社 总 机：010-83470000　　　　　　　　　　　　邮　　购：010-62786544

投稿与读者服务：010-62776969，c-service@tup.tsinghua.edu.cn

质 量 反 馈：010-62772015，zhiliang@tup.tsinghua.edu.cn

印 装 者：河北华商印刷有限公司

经　　销：全国新华书店

开　　本：210mm×260mm　　　印　　张：15　　插　页：2　　字　数：389 千字

版　　次：2022 年 6 月第 1 版　　印　　次：2024 年 1 月第 3 次印刷

定　　价：78.00 元

产品编号：087217-01

前　言

随着网站技术的进一步发展，各方面对网站开发技术的要求也日益提高，纵观人才市场，各企事业单位对网站开发工作人员的需求也大大增加。网站建设是一项综合性的技术，对很多计算机技术都有着较高的要求，而Dreamweaver是集创建网站和管理网站于一身的专业性网页编辑工具，因其界面友好、人性化和易于操作而被很多网页设计者所欣赏和使用。

1. 本书内容

全书共9章，分别讲解了Dreamweaver CC 2018的基本操作、丰富网页内容、网页开发语言入门、娱乐休闲类网页设计、商业经济类网页设计、网络科技类网页设计、旅游交通类网页设计、生活服务类网页设计、购物类网页设计等内容。

2. 本书特色

本书面向Dreamweaver的初、中级用户，采用由浅入深、循序渐进的讲述方法，内容丰富。

（1）本书案例丰富，每章都有不同类型的案例，适合上机操作教学。

（2）每个案例都经过编者精心挑选，可以引导读者发挥想象力，调动学习的积极性。

（3）案例实用，技术含量高，与实践紧密结合。

（4）配套资源丰富，方便教学。

3. 海量的电子学习资源和素材

本书附带大量的学习资料和视频教程，下面截图给出部分概览。

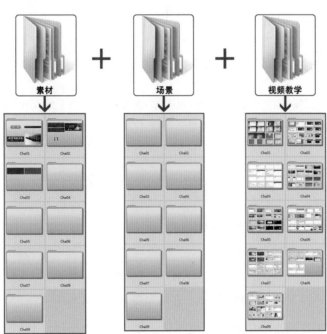

本书附带所有实例的素材文件、场景文件、多媒体有声视频教学录像，读者在读完本书内容以后，可以调用这些资源进行深入学习。

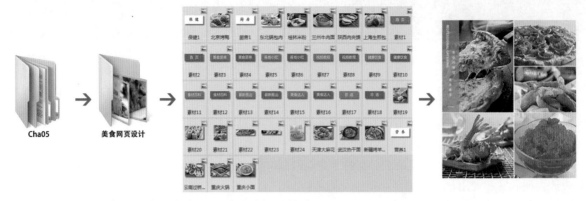

本书视频教学贴近实际，步骤翔实，几乎是手把手教学。

4. 本书约定

为便于阅读理解，本书的写作风格遵从如下约定。

本书中出现的中文菜单和命令将用"【】"括起来，以示区分。此外，为了使语句更简洁易懂，书中所有的菜单和命令之间以竖线（|）分隔。例如，单击【编辑】菜单，再选择【拷贝】命令，就用【编辑】|【拷贝】来表示。

用加号（+）连接的两个或三个键表示组合键，在操作时表示同时按下这两个或三个键。例如，Ctrl+V是指在按下Ctrl键的同时，按下V字母键；Ctrl+Alt+F10是指在按下Ctrl键和Alt键的同时，按下功能键F10。

在没有特殊指定时，单击、双击和拖动是指用鼠标左键单击、双击和拖动，右击是指用鼠标右键单击。

5. 读者对象

（1）Dreamweaver初学者。

（2）适合作为大、中专院校和社会培训班相关专业的教材。

（3）平面设计从业人员。

6. 致谢

配送资源

本书的出版可以说凝结了许多优秀教师的心血，在这里衷心感谢对本书出版过程给予帮助的编辑老师、视频测试老师，感谢你们！

在创作的过程中，由于任务繁重，不足之处在所难免，希望广大读者批评、指正。

编　者

目 录

第 1 章 Dreamweaver CC 2018的基本操作

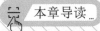 本章导读

　　Dreamweaver与其他设计类软件的基本操作方法不同，对于初学者来说，初次使用
Dreamweaver会有许多困惑。为了方便后面章节的学习，在本章中将学习安装、卸载、启动
Dreamweaver CC 2018，以及对该软件的一些基本操作。

实例 001 Dreamweaver CC 2018的安装

本例将讲解如何安装Dreamweaver CC 2018，具体操作方法如下。

Step 01 从相应的文件夹下选择下载后的安装文件，双击文件图标 安装文件，如图1-1所示。

Step 02 此时即可显示文件的安装进度，如图1-2所示。

图1-1 　　　　　　　　　图1-2

实例 002 Dreamweaver CC 2018的卸载

本例将讲解如何卸载Dreamweaver CC 2018，具体操作方法如下。

Step 01 单击计算机左下角的【开始】按钮 ，从弹出的菜单中选择【控制面板】选项，如图1-3所示。

Step 02 在【控制面板】界面中选择【程序和功能】选项，如图1-4所示。

图1-3 　　　　　　　　　图1-4

Step 03 在【名称】下选择Dreamweaver CC 2018选项，单击【卸载/更改】按钮，如图1-5所示。

Step 04 在弹出的【Dreamweaver CC 卸载程序】对话框中单击【是，确定删除】按钮，如图1-6所示。

图1-5 　　　　　　　　　图1-6

Step 05 执行该操作后即可显示卸载进度条，如图1-7所示。

Step 06 卸载完成后，在弹出的【卸载完成】界面中，单击【关闭】按钮，如图1-8所示。

图1-7 　　　　　　　　　图1-8

实例 003 Dreamweaver CC 2018的启动与退出

本例将讲解如何启动与退出Dreamweaver CC 2018，具体操作方法如下。

双击桌面上的Dreamweaver CC 2018快捷方式，就可以进入Dreamweaver CC 2018的工作界面，如图1-9所示，这样程序就启动完成了。

退出程序可以单击Dreamweaver CC 2018工作界面右上角的 按钮，关闭程序；也可以选择菜单栏中的【文件】|【退出】命令退出程序，如图1-10所示。

图1-9 　　　　　　　　　　图1-10

图1-13

实例 004 站点的建立

在制作网页之前，需要建立站点，本例将讲解如何使用Dreamweaver CC 2018建立站点。

Step 01 启动Dreamweaver CC 2018软件，选择【站点】|【新建站点】命令，如图1-11所示。

图1-11

Step 02 弹出【站点设置对象 配送资源】对话框，在【站点名称】文本框中输入【配送资源】，在【本地站点文件夹】文本框中指定站点的位置，即计算机上要用于存储站点文件的文件夹。可以单击该文本框右侧的文件夹图标以浏览相应的文件夹，如图1-12所示。

图1-12

Step 03 单击【保存】按钮，关闭【站点设置对象 配送资源】对话框。在【文件】面板中的【本地文件】下会显示该站点的根目录，如图1-13所示。

实例 005 打开站点

如果需要修改某个网站的站点，先要打开站点。本例将学习如何打开站点，具体操作步骤如下。

Step 01 启动Dreamweaver CC 2018软件，选择【站点】|【管理站点】命令，如图1-14所示。

Step 02 弹出【管理站点】对话框，在【您的站点】列表框中选择【配送资源】选项，单击【完成】按钮，如图1-15所示，即可打开站点。

图1-14

图1-15

实例 006 编辑站点

对于创建好的站点，还可对其进行编辑，本例将讲解如何编辑站点，具体操作如下。

Step 01 在工作界面右侧的【文件】面板中单击【配送资源】文本框右侧的 ∨ 按钮，在弹出的下拉列表中选择【管理站点】命令，如图1-16所示。

Step 02 在弹出的【管理站点】对话框中选择要编辑的站点名称，然后单击【编辑当前选定的站点】按钮，如图1-17所示。

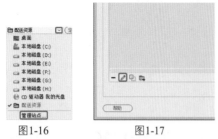

图1-16　　　　　　图1-17

Step 03 在弹出的【站点设置对象 配送资源】对话框中使用创建站点的方法对站点进行编辑即可，如图1-18所示。

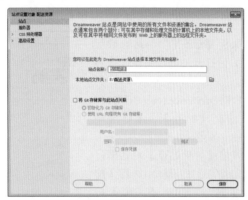

图1-18

Step 04 编辑完成后单击【保存】按钮，返回至【管理站点】对话框，单击【完成】按钮，即可完成站点编辑，如图1-19所示。

图1-19

实例 **007** 删除站点

要删除多余的站点，可从管理列表中将其删除。本例将讲解如何删除不需要的站点，具体的操作步骤如下。

Step 01 在工作界面右侧的【文件】面板中单击【配送资源】文本框右侧的 ∨ 按钮，在弹出的下拉列表中选择【管理站点】命令，在打开的【管理站点】对话框中，选中要删除的站点，单击【删除当前选定的站点】按钮 ［－］，如图1-20所示。

图1-20

Step 02 在弹出的对话框中单击【是】按钮，如图1-21所示，即可删除站点。

图1-21

实例 **008** 复制站点

如果需要多个相同或类似的站点，可对站点进行复制。本例将讲解如何复制站点，具体的操作步骤如下。

Step 01 在工作界面右侧的【文件】面板中单击【配送资源】文本框右侧的 ∨ 按钮，在弹出的下拉列表中选择【管理站点】命令，在弹出的【管理站点】对话框中，选择要复制的站点，单击【复制当前选定的站点】按钮 ，如图1-22所示，即可复制站点。

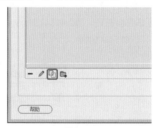

图1-22

Step 02 复制的站点名称后面会出现"复制"字样，便于与原站点区分开，如图1-23所示。

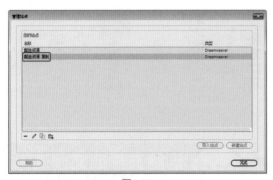

图1-23

实例 009 导出与导入站点

如果要在不同的计算机上编辑同一站点，可对站点进行导出与导入的操作。本例将讲解如何导出与导入站点，具体的操作步骤如下。

Step 01 在工作界面右侧的【文件】面板中单击【配送资源】文本框右侧的 ∨ 按钮，在弹出的下拉列表中选择【管理站点】命令，在弹出的【管理站点】对话框中，选择需要导出的站点，单击【导出当前选定的站点】按钮 ⬛，如图1-24所示。

图1-24

Step 02 在打开的【导出站点】对话框的【文件名】文本框中输入名称，单击【保存】按钮，如图1-25所示，即可导出站点。

图1-25

Step 03 在其他计算机上打开【管理站点】对话框，单击【导入站点】按钮，如图1-26所示。

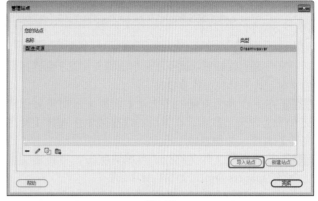

图1-26

Step 04 在打开的【导入站点】对话框中选择需要导入的文件，单击【打开】按钮，如图1-27所示，即可打开导入的站点。

图1-27

实例 010 创建文件夹

建立站点后，可在【文件】面板中创建一个新的文件夹，具体操作步骤如下。

Step 01 在工作界面右侧【文件】面板的【本地文件】列表中选择站点并右击，在弹出的快捷菜单中选择【新建文件夹】命令，如图1-28所示。

Step 02 此时可对新建文件夹的名称进行重命名，如这里将文件重命名为create，如图1-29所示。

图1-28　　　　　　图1-29

实例 011 创建文件

文件夹创建好后，就可以在相应的文件夹下创建需要的文件了，具体的操作步骤如下。

Step 01 在工作界面右侧的【文件】面板中，在需要创建文件的文件夹上右击，在弹出的快捷菜单中选择【新建文件】命令，如图1-30所示。

Step 02 此时新建文件名称处于可编辑状态，将新建文件重命名为papers.html，如图1-31所示。

图1-30   图1-31

实例 012 文件或文件夹的移动和复制

通过拖动对象或快捷菜单，可完成对文件或文件夹的移动和复制，具体操作步骤如下。

Step 01 在工作界面右侧的【文件】面板中，选择需要移动的文件或文件夹，将其拖动到相应的文件夹中，如图1-32所示。

Step 02 在弹出的【更新文件】对话框中单击【更新】按钮，如图1-33所示。

图1-32   图1-33

Step 03 也可以通过快捷菜单中的【剪切】或【拷贝】命令对文件或文件夹进行移动或复制。选中需要移动或复制的文件或文件夹并右击，在弹出的快捷菜单中选择【编辑】|【剪切】或【拷贝】命令，如图1-34所示。

Step 04 选择目标文件夹并右击，在弹出的快捷菜单中选择【编辑】|【粘贴】命令，如图1-35所示，即可完成对文件或文件夹的移动或复制。

图1-34   图1-35

实例 013 删除文件或文件夹

对于不再需要的文件或文件夹，可以对其进行删除操作。本例将讲解如何删除文件或文件夹，具体的操作步骤如下。

Step 01 在工作界面右侧的【文件】面板中选择需要删除的文件或文件夹并右击，在弹出的快捷菜单中选择【编辑】|【删除】命令，如图1-36所示，或按Delete键将其删除。

Step 02 在弹出的对话框中单击【是】按钮，如图1-37所示，即可将文件或文件夹删除。

图1-36   图1-37

实例 014 新建网页文档

新建网页文档，是正式学习网页制作的第一步，也是网页制作的基本条件。本例将讲解新建网页文档的基本操作方法。

Step 01 在菜单栏中选择【文件】|【新建】命令，如图1-38所示。

Step 02 弹出【新建文档】对话框，选择【新建文档】选项，将【文档类型】设置为HTML，将【框架】设置为【无】，如图1-39所示。

图1-38　　　　　　　图1-39

Step 03 单击【创建】按钮，即可新建一个空白的HTML网页文档，如图1-40所示。

图1-40

实例 015 保存网页文档

网页制作完成后，需对网页文档进行保存。本例将讲解如何保存网页文档，具体操作步骤如下。

Step 01 继续上一实例的操作，在菜单栏中选择【文件】|【保存】命令，如图1-41所示。

Step 02 弹出【另存为】对话框，在该对话框中为网页文档选择存储的位置并设置文件名和保存类型，如图1-42所示。

图1-41　　　　　　　图1-42

Step 03 单击【保存】按钮，即可将网页文档保存。

提示·

保存网页的时候，用户可以在【保存类型】下拉列表框中根据制作网页的要求选择不同的文件类型，区别文件的类型主要是文件后面的后缀名称。设置文件名的时候，不要使用特殊符号，也尽量不要使用中文名称。

实例 016 打开网页文档

● 素材：素材\Cha01\打开网页文档素材.html

网页文件保存并关闭后，如果需要重新编辑，则需将其重新打开。本例将讲解如何打开网页文档。

Step 01 在菜单栏中选择【文件】|【打开】命令，如图1-43所示。

Step 02 在弹出的【打开】对话框中选择【素材\Cha01\打开网页文档素材.html】素材文件，如图1-44所示。

图1-43　　　　　　　图1-44

Step 03 单击【打开】按钮，即可在Dreamweaver中打开网页文件，如图1-45所示。

图1-45

实例 017 预览网页

● 素材：素材\Cha01\打开网页文档素材.html

制作网页的过程中，要想查看网页的效果，可通过预览功能进行查看，具体的操作方法如下。

Step 01 在菜单栏中选择【文件】|【实时预览】命令，在弹出的子菜单中选择任意浏览器，如图1-46所示。

Step 02 选择浏览器后就会自动启动预览，并显示网页的效果，如图1-47所示。

图1-46　　　　　　　　图1-47

实例 018 关闭网页文件

下面介绍一下关闭网页文件的方法，具体的操作步骤如下。

Step 01 在菜单栏中选择【文件】|【退出】命令，如图1-48所示，即可将文件关闭。

Step 02 如果对打开的网页文件进行了部分操作，则在关闭该文件时，会弹出如图1-49所示的对话框，提示是否保存该文档。

图1-48　　　　　　　　图1-49

实例 019 页面属性设置

制作新网页时，有时需要更改网页的默认属性，本例将讲解Dreamweaver CC 2018的页面属性设置，具体操作方法如下。

Step 01 在菜单栏中选择【窗口】|【属性】命令，如图1-50所示，打开【属性】面板。

图1-50

Step 02 单击【页面属性】按钮，如图1-51所示。

图1-51

Step 03 弹出【页面属性】对话框，在【分类】列表框中选择【外观（HTML）】，可对页面的背景颜色和文本等进行设置，如图1-52所示。

图1-52

实例 020 插入文字

● 素材：素材\Cha01\网页文档素材.html
● 场景：场景\Cha01\实例020 插入文字.html

文字是制作网页时的基本元素之一，通过文字便可了解网页的信息，本例将讲解如何在网页中插入文字。

Step 01 在菜单栏中选择【文件】|【打开】命令，打开【素材\Cha01\网页文档素材.html】素材文件，如图1-53所示。

Step 02 单击需要输入文字的编辑区，输入文字即可，如图1-54所示。

图1-53　　　　　　　　图1-54

实例 021 设置字体

🌐 场景：场景\Cha01\实例021 设置字体.html

插入文字后，用户可根据需要对字体进行修改。本例将讲解如何设置字体，具体操作步骤如下。

Step 01 继续上一实例的操作，选择【忘记密码？】文本，如图1-55所示。

图1-55

Step 02 在【属性】面板中单击CSS按钮 CSS，将【目标规则】设置为【<新内联样式>】，单击【字体】右侧的下三角按钮 ∨，在弹出的下拉列表中单击【管理字体】按钮 管理字体...，如图1-56所示。

图1-56

Step 03 在弹出的【管理字体】对话框中选择【自定义字体堆栈】选项卡，在【可用字体】列表框中选择需要的字体，这里选择【黑体】，单击左侧上方的 << 按钮，即可添加字体，如图1-57所示。

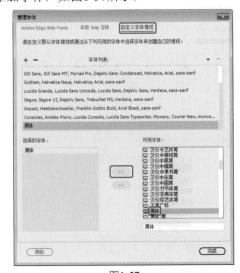

图1-57

Step 04 单击【完成】按钮，在【属性】面板中单击【字体】右侧的下三角按钮，在弹出的下拉列表中选择【黑体】，如图1-58所示。

Step 05 完成字体设置后，效果如图1-59所示。

图1-58   图1-59

实例 022 设置字号

🌐 场景：场景\Cha01\实例022 设置字号.html

字体设置完成后，可通过对字号的设置，对文字的大小进行调整，使文字看起来更加舒适，具体的操作步骤如下。

Step 01 继续上一实例的操作，选择【忘记密码？】文本，在【属性】面板中单击【大小】右侧的下三角按钮 ∨，选择需要设置的字号，这里设置为12，如图1-60所示。如果没有需要的字号，也可以在文本框中设置。

Step 02 字号设置完成后，效果如图1-61所示。

图1-60   图1-61

实例 023 设置字体颜色

🌐 场景：场景\Cha01\实例023 设置字体颜色.html

制作网页时通过设置不同的字体颜色，可使网页更加美观、漂亮。本例将讲解如何设置字体颜色，具体的操作步骤如下。

Step 01 继续上一实例的操作，选择【忘记密码？】文本，在【属性】面板中单击【文本颜色】按钮 ■，在打开的面板中调整字体颜色，这里输入#B67700，也可以在文本框中直接选择颜色，如图1-62所示。

Step 02 输入完成后按Enter键确认，即可完成字体颜色的设置，如图1-63所示。

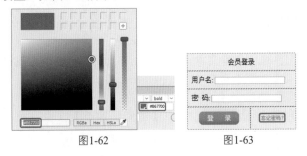

图1-62   图1-63

01

Dreamweaver CC 2018的基本操作

02

03

04

05

06

07

08

09

实例 024 设置字体样式

⊙ 场景：场景\Cha01\实例024 设置字体样式.html

字体样式指的是文字的外观显示样式，本例将讲解如何设置字体样式，具体的操作步骤如下。

Step 01 继续上一实例的操作，选择【会员登录】文本，在【属性】面板中单击HTML按钮 ⟨⟩ HTML，然后单击【粗体】按钮 B，如图1-64所示。

Step 02 设置完成后的字体样式如图1-65所示。

图1-64 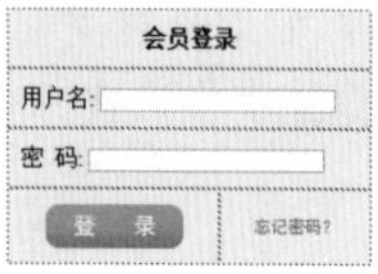　　　　　　　图1-65

◎提示·•

在菜单栏中选择【工具】|HTML命令，在弹出的子菜单中也可以设置字体样式，如图1-66所示。

图1-66

实例 025 编辑段落

⊙ 素材：素材\Cha01\编辑段落素材.html
⊙ 场景：场景\Cha01\实例025 编辑段落.html

编辑段落就是对文本中的句子进行不同的排版，使文本看起来更加整洁。本例将讲解如何编辑段落，具体的操作步骤如下。

Step 01 按Ctrl+O组合键，打开【素材\Cha01\编辑段落素材.html】素材文件，如图1-67所示。

Step 02 选中所有文本，右击，在弹出的快捷菜单中选择【重新加载】命令，如图1-68所示。

Step 03 切换到【设计】视图，在【属性】面板中单击HTML按钮 ⟨⟩ HTML，选中【望庐山瀑布】文本，单击【格式】右侧的下三角按钮 ∨，在弹出的下拉列表中选择【标题2】，如图1-69所示。

Step 04 使用同样的方法将【唐·李白】文本和诗句的格式分别设置为标题3、标题4，效果如图1-70所示。

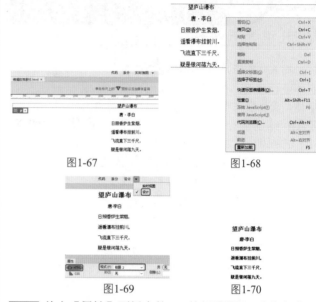

图1-67　　　　　　　图1-68

图1-69　　　　　　　图1-70

Step 05 单击【属性】面板中的CSS按钮 CSS，选中文本，单击【左对齐】按钮，将文本左对齐，如图1-71所示。

图1-71

Step 06 在【属性】面板中单击HTML按钮，选中所有文字，单击【内缩区块】按钮，将文本缩进两格，效果如图1-72所示。

图1-72

实例 026 创建项目列表

⊙ 素材：素材\Cha01\创建项目列表素材.html
⊙ 场景：场景\Cha01\实例026 创建项目列表.html

创建项目列表就是将文字进行标注与顺序排列，查看文本时可以更加方便，具体的操作步骤如下。

Dreamweaver 网页设计与制作 完全实训手册

Step 01 按Ctrl+O组合键，打开【素材\Cha01\创建项目列表素材.html】素材文件，如图1-73所示。

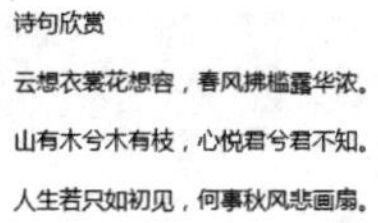

图1-73

Step 02 在【属性】面板中单击HTML按钮 <> HTML，选中【诗句欣赏】文本，单击【项目列表】按钮 ⋮⋮，如图1-74所示。

图1-74

Step 03 选中诗句文本，单击【编号列表】按钮 ⋮⋮，效果如图1-75所示。

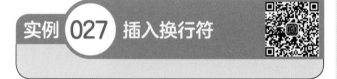

图1-75

实例 **027** 插入换行符

如果通过Enter键换行，行距会非常大，可通过换行符使文本换行间距保持为正常行距，具体的操作步骤如下。

Step 01 在菜单栏中选择【窗口】|【插入】命令，如图1-76所示。

Step 02 在弹出的【插入】面板中单击【字符】 字符 左侧的下三角按钮 ▾，如图1-77所示。

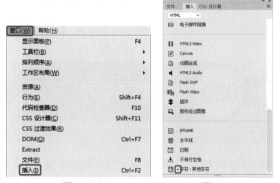

图1-76   图1-77

Step 03 在弹出的下拉列表中单击【换行符】按钮 🔲换行符，如图1-78所示，即可对文本进行正常行距的换行。

图1-78

◎提示·◦

按Shift+Enter组合键可快速地将文本按正常行距换行。

实例 **028** 使用水平线

◉ 素材：素材\Cha01\水平线素材.html
◉ 场景：场景\Cha01\实例028 使用水平线.html

水平线用于分隔网页文档的内容，合理地使用水平线可以取得非常好的效果，在一篇复杂的文档中插入几条水平线，就会变得层次分明、便于阅读了。本例将讲解如何使用水平线。

Step 01 按Ctrl+O组合键，打开【素材\Cha01\水平线素材.html】素材文件，如图1-79所示。

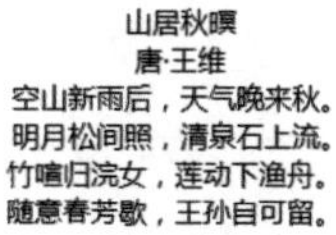

山居秋暝
唐·王维
空山新雨后，天气晚来秋。
明月松间照，清泉石上流。
竹喧归浣女，莲动下渔舟。
随意春芳歇，王孙自可留。

图1-79

Step 02 在【唐·王维】文本后单击，在菜单栏中选择【插入】| HTML命令，在弹出的子菜单中选择【水平线】命令，如图1-80所示。

图1-80

Step 03 打开【属性】面板，将水平线的【宽】、【高】分别设置为197像素、1像素，勾选【阴影】复选框，并通过删除键和Delete键删除空格，如图1-81所示。

图1-81

◎知识链接·◦

水平线属性的各项参数如下。

【宽】：在此文本框中输入水平线的宽度值，默认单位为像素，也可设置为百分比。

【高】：在此文本框中输入水平线的高度值，单位只能是像素。

【对齐】：用于设置水平线的对齐方式，有【默认】、【左对齐】、【居中对齐】和【右对齐】4种方式。

【阴影】：勾选该复选框，水平线将产生阴影效果。

实例 029 插入日期

◉ 素材：素材\Cha01\论坛首页素材.html
◉ 场景：场景\Cha01\实例029 插入日期.html

Dreamweaver提供了一个方便插入的日期对象，使用该对象，可以以多种格式插入当前日期，还可以选择在每次保存文件时都自动更新日期，具体的操作步骤如下，效果如图1-82所示。

图1-82

Step 01 按Ctrl+O组合键，打开【素材\Cha01\论坛首页素材.html】素材文件，如图1-83所示。

图1-83

Step 02 单击【当平板电视……】文字上方的单元格，在菜单栏中选择【窗口】|【插入】命令，在弹出的【插入】面板中单击【日期】按钮 📅 日期，如图1-84所示。

Step 03 在打开的【插入日期】对话框中将【日期格式】设置为【1974年3月7日】，如图1-85所示。

图1-84   图1-85

Step 04 单击【确定】按钮，即可将日期插入到文档中，如图1-86所示。

图1-86

实例 030 插入特殊字符

◉ 场景：场景\Cha01\实例030 插入特殊字符.html

在浏览网页时，经常会看到一些特殊的字符，如◎、€、◇等。这些特殊字符在HTML中以名称或数字的形式表示，称为实体。HTML包含版权符号（©）、"与"符号（&）、注册商标符号（®）等。Dreamweaver本身拥有字符的实体名称，每个实体都有一个名称（如—）和一个数字等效值（如—）。本例将讲解如何插入特殊字符，效果如图1-87所示。

图1-87

Step 01 继续上一实例的操作，切换至【拆分】视图，在代码中将光标放置在【资讯】文本前，如图1-88所示。

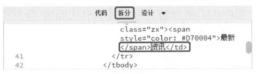

图1-88

Step 02 在菜单栏中选择【窗口】|【插入】命令，在弹出的【插入】面板中单击【字符】 字符 左侧的下三角按钮 ，在弹出的下拉列表中单击【其他字符】按钮 其他字符 ，如图1-89所示。

Step 03 在弹出的【插入其他字符】对话框中，选择需要的特殊字符，如图1-90所示。

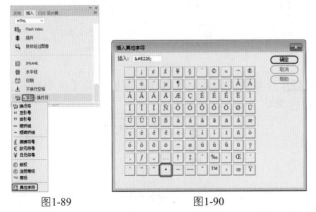

图1-89   图1-90

Step 04 单击【确定】按钮，即可将其插入到指定的位置，效果如图1-91所示。

Step 05 再根据前面所介绍的方法为资讯输入标题，效果如图1-92所示。

图1-91

图1-92

实例 031 插入表格

表格由行、列、单元格三部分组成，通过表格可以排列网页中的各种元素，设计页面时更加灵活与方便。本例将讲解如何插入表格，具体的操作步骤如下。

Step 01 在菜单栏中选择【窗口】|【插入】命令，如图1-93所示。

Step 02 在弹出的【插入】面板中单击Table按钮 Table，如图1-94所示。

图1-93   图1-94

Step 03 在弹出的Table对话框中可输入需要的表格参数，如图1-95所示。

Step 04 设置完成后，单击【确定】按钮即可插入表格，如图1-96所示。

图1-95

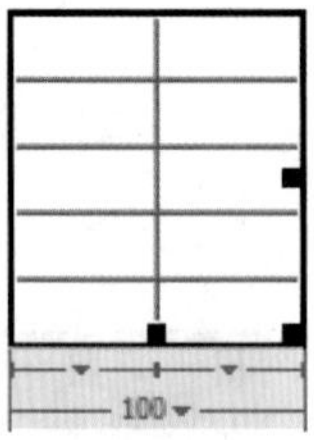

图1-96

◎提示·◎

在菜单栏中选择【插入】| Table 命令或通过Ctrl+Alt+T组合键可快速打开Table对话框。

实例 032 表格中的数据排序

◉ 素材：素材\Cha01\表格中的数据排序素材.html
◉ 场景：场景\Cha01\实例032 表格中的数据排序.html

利用表格中的数据排序功能，可以更快速地对数据进行排序，以便更直接地浏览排序后的表格。本例将讲解如何将表格中的数据排序，具体的操作步骤如下。

Step 01 按Ctrl+O组合键，打开【素材\Cha01\表格中的数据排序素材.html】素材文件，并选中素材，如图1-97所示。

Step 02 在菜单栏中选择【编辑】|【表格】|【排序表格】命令，如图1-98所示。

图1-97

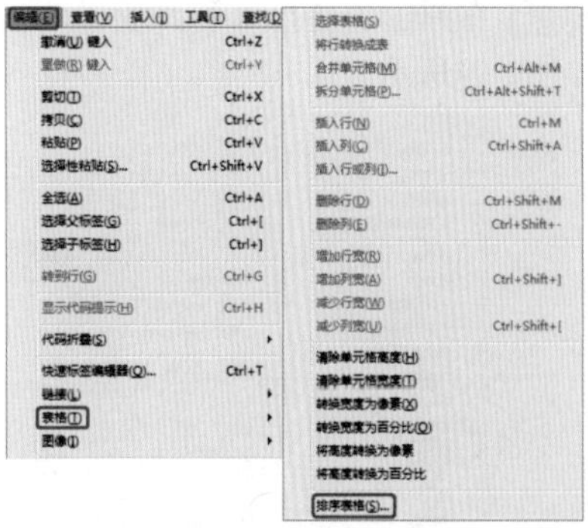

图1-98

Step 03 在弹出的【排序表格】对话框中将【排序按】设置为【列3】，【顺序】设置为【按数字排序】、【降序】，如图1-99所示。

Step 04 设置完成后，单击【确定】按钮，即可将表格按降序排列，如图1-100所示。

图1-99

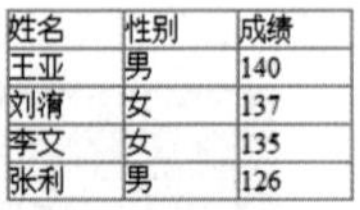

图1-100

姓名	性别	成绩
王亚	男	140
刘淯	女	137
李文	女	135
张利	男	126

实例 033 合并和拆分单元格

◉ 素材：素材\Cha01\合并和拆分单元格素材.html
◉ 场景：场景\Cha01\实例033 合并和拆分单元格.html

合并和拆分是为了更加方便地编辑单元格，使表格更美观。本例将讲解单元格的合并和拆分，具体的操作步骤如下。

Step 01 按Ctrl+O组合键，打开【素材\Cha01\合并和拆分单元格素材.html】素材文件，如图1-101所示。

	报名表	
姓名	班级	项目
李语		
王述		
陈莹		
韩丽		

图1-101

Step 02 按住Alt键的同时单击【报名表】文本行的三个单元格，并右击，在弹出的快捷菜单中选择【表格】|【合并单元格】命令，如图1-102所示。

图1-102

Step 03 合并完成后单击【属性】面板中的【居中对齐】按钮，如图1-103所示。

图1-103

Step 04 单击【项目】单元格下方的单元格，并右击，在弹出的快捷菜单中选择【表格】|【拆分单元格】命令，如图1-104所示。

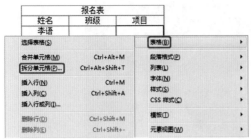

图1-104

Step 05 在弹出的【拆分单元格】对话框中对【把单元格拆分成】、【行数】均使用默认设置，如图1-105所示。

图1-105

Step 06 单击【确定】按钮，即可拆分单元格，如图1-106所示。

报名表		
姓名	班级	项目
李语		
王述		
陈莹		
韩丽		

图1-106

第 2 章 丰富网页内容

 本章导读

　　丰富的网页内容可以让用户有更多浏览的兴趣，是吸引用户浏览的基本因素，同时可以让用户获取更多的信息，本章讲解如何丰富网页内容。

实例 034 插入网页图像

● 素材：素材\Cha02\插入图像素材1.html、插入图像素材2.jpg
● 场景：场景\Cha02\实例034 插入图像素材.html

在文档中插入图像是制作网页时不可或缺的，本例将讲解如何插入网页图像，效果如图2-1所示。

图2-1

Step 01 按Ctrl+O组合键，打开【素材\Cha02\插入图像素材1.html】素材文件，如图2-2所示。

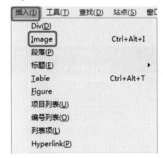

图2-2

Step 02 单击需要插入图像的空白单元格，在菜单栏中选择【插入】| Image 命令，如图2-3所示。

插入(I)	工具(T)	查找(D)	站点(S)	窗
Div(D)				
Image		Ctrl+Alt+I		
段落(P)				
标题(E)			▶	
Table		Ctrl+Alt+T		
Figure				
项目列表(U)				
编号列表(O)				
列表项(L)				
Hyperlink(P)				

图2-3

Step 03 在弹出的【选择图像源文件】对话框中选择【素材\Cha02\插入图像素材2.jpg】素材文件，如图2-4所示。

Step 04 单击【确定】按钮，即可将选中的素材文件插入到指定的单元格中，如图2-5所示。

Step 05 将文档保存后，按F12键在浏览器中预览网页效果，如图2-6所示。

◎提示·。

如果所选图片位于当前站点的根文件夹中，就直接将图片插入；如果图片文件不在当前站点的根文件夹中，系统会出现提示对话框，询问是否希望将选定的图片复制到当前站点的根文件夹中。

图2-4

图2-5

图2-6

实例 035 设置图像大小

● 场景：场景\Cha02\实例035 设置图像大小.html

将图像插入到文档中之后，图像的大小会不符合文档的需求，用户可以在Dreamweaver中设置图像的大小，从而达到所需的效果。下面将介绍如何设置图像的大小，效果如图2-7所示。

图2-7

Step 01 继续上一实例的操作，选择插入的网页图像，在【属性】面板中将【宽】设置为700px，【高】保持不变，按Enter键确认，单击空白处单元格自动调整，如图2-8所示。

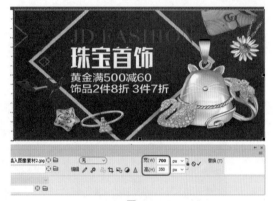

图2-8

Step 02 将文档保存后，按F12键在浏览器中预览网页效果，如图2-9所示。

图2-9

◎提示·●

用户还可以在文档窗口中选择需要调整的图像文件，图像的底部、右侧以及右下角会出现控制点，如图2-10所示。用户可以通过拖动图像的底部、右侧以及右下角的控制点，来调整图像的高度和宽度。

图2-10

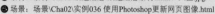

实例 **036** 使用Photoshop 更新网页图像

- 素材：素材\Cha02\凯途酒店\凯途酒店素材.html、大图.jpg
- 场景：场景\Cha02\实例036 使用Photoshop更新网页图像.html

在使用Dreamweaver制作网页时，可以通过外部编辑器对网页中的图像进行编辑。使用外部编辑器修改后的图像能直接保存，可以直接在文档窗口中查看编辑后的图像。在Dreamweaver CC 2018版本中，默认Photoshop为外部图像编辑器。下面我们将详细介绍外部编辑器的使用方法，效果如图2-11所示。

图2-11

Step 01 按Ctrl+O组合键，打开【素材\Cha02\凯途酒店\凯途酒店素材.html】素材文件，将光标置入如图2-12所示的单元格中。

图2-12

Step 02 按Ctrl+Alt+I组合键，在弹出的【选择图像源文件】对话框中选择【素材\Cha02\大图.jpg】素材图像，单击【确定】按钮。在【属性】面板中将【宽】、【高】分别设置为700px、440px，单击其他位置，单元格自动调整，如图2-13所示。

Step 03 继续选中该图像，在菜单栏中选择【编辑】|【图像】|【编辑以】| Photoshop 命令，如图2-14所示。

Step 04 执行该操作后，即可启动Photoshop软件，并在软件中自动打开选中的图像文件，在工具箱中单击【裁剪工具】，将图像进行裁剪，如图2-15所示。

图2-13

图2-14

图2-15

Step 05 按Enter键完成裁剪，按Ctrl+M组合键，在弹出的
【曲线】对话框中添加一个编辑点，将【输出】设置为
168，将【输入】设置为150，如图2-16所示。

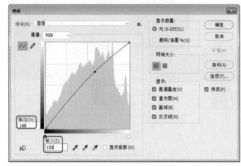

图2-16

Step 06 设置完成后，单击【确定】按钮，按Ctrl+Shift+S
组合键，在弹出的【另存为】对话框中将【文件名】重
命名为【大图 - 副本】。返回到Dreamweaver页面中，

效果如图2-17所示。

图2-17

◎提示·◎

　　将调整后的图像保存后，若Dreamweaver网页中的
图像未发生变化，可选中调整的图片后单击【属性】
面板中的【重新取样】按钮🔳，在弹出的对话框中单
击【确定】按钮，即可更新图片。

实例 **037** 裁剪图像

◉ 素材：素材\Cha02\凯途酒店\小图3.jpg
◉ 场景：场景\Cha02\实例037 裁剪图像.html

　　在网页中插入图像后需要裁剪掉不需要的部分，本例
将讲解如何裁剪图像，效果如图2-18所示。

图2-18

Step 01 继续上一实例的操作，将光标置入下方第三个空白
单元格中，按Ctrl+Alt+I组合键，在弹出的【选择图像源
文件】对话框中选择【素材\Cha02\凯途酒店\小图3.jpg】
素材图像，按Ctrl+C组合键与Ctrl+V组合键将其复制并粘
贴，选中复制出的【小图3 - 副本.jpg】素材图像，单击
【确定】按钮，如图2-19所示。

图2-19

Step 02 选择需要裁剪的图像，在菜单栏中选择【编辑】|
【图像】|【裁剪】命令，如图2-20所示。

图2-20

Step 03 系统将自动弹出提示对话框，在该对话框中勾选
【不要再显示该消息】复选框，如图2-21所示。

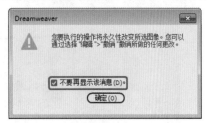

图2-21

Step 04 单击【确定】按钮，图像进入裁剪编辑状态，如
图2-22所示。

图2-22

Step 05 在【属性】面板中将【宽】、【高】分别设置为
245px、205px，并调整裁剪窗口的位置，效果如图2-23
所示。

Step 06 调整完成后，在窗口中双击鼠标左键或者按Enter
键，退出裁剪编辑状态，并将裁剪后图像的【宽】、
【高】分别设置为121px、111px，效果如图2-24所示。

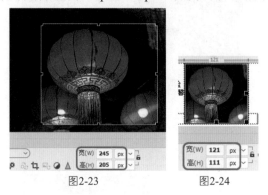

图2-23   图2-24

◎提示·◎

在【属性】面板中单击【裁剪】按钮⊄，也可对选
中的图像进行裁剪设置，与在菜单栏中选择【编辑】|
【图像】|【裁剪】命令的作用相同。

实例 038 优化图像

- 素材：素材\Cha02\凯途酒店\小图1.jpg
- 场景：场景\Cha02\实例038 优化图像.html

有时插入图像并调整大小后，图像的像素会不适合
当前页面，这时可使用优化功能优化图像，效果如图2-25
所示。

图2-25

Step 01 继续上一实例的操作，将光标置入下方第一个空白
单元格中，按Ctrl+Alt+I组合键，在弹出的【选择图像源
文件】对话框中选择【素材\Cha02\凯途酒店\小图1.jpg】
素材图像，按Ctrl+C组合键与Ctrl+V组合键将其复制并粘
贴，选中复制出的【小图1 - 副本.jpg】素材图像，单击

Dreamweaver 网页设计与制作 完全实训手册

【确定】按钮，并在【属性】面板中将【宽】、【高】分别设置为121px、111px，如图2-26所示。

Step 02 在菜单栏中选择【编辑】|【图像】|【优化】命令，如图2-27所示。

图2-26

图2-27

Step 03 打开【图像优化】对话框，单击【预置】右侧的下拉三角按钮，在弹出的下拉列表中选择【高清JPEG以实现最大兼容性】选项，此时【格式】将自动默认为JPEG，【品质】将自动默认为80，如图2-28所示。

Step 04 单击【确定】按钮，图像就会更加清楚，效果如图2-29所示。

图2-28

图2-29

◎提示·◉

　　在【属性】面板中单击【编辑图像设置】按钮，也可打开【图像优化】对话框，可对选中的图像进行优化设置，与在菜单栏中选择【编辑】|【图像】|【优化】命令的作用相同。

实例 **039** 调整图像的亮度和对比度

◉ 素材：素材\Cha02\凯途酒店\小图4.jpg
◉ 场景：场景\Cha02\实例039 调整图像的亮度和对比度.html

　　在网页中插入图片后，如果发现图像的亮度和对比度不符合要求，可以通过图像的亮度和对比度调整功能调整图像，效果如图2-30所示。

图2-30

Step 01 继续上一实例的操作，将光标置入下方第四个空白单元格中，按Ctrl+Alt+I组合键，在弹出的【选择图像源文件】对话框中选择【素材\Cha02\凯途酒店\小图4.jpg】素材图像，按Ctrl+C组合键与Ctrl+V组合键将其复制并粘贴，选中复制出的【小图4 - 副本.jpg】素材图像，单击【确定】按钮，并在【属性】面板中将【宽】、【高】分别设置为121px、111px，如图2-31所示。

Step 02 在菜单栏中选择【编辑】|【图像】|【亮度/对比度】命令，如图2-32所示。

图2-31　　　　　　　　图2-32

Step 03 在弹出的【亮度/对比度】对话框中将【亮度】、【对比度】分别设置为20、10，如图2-33所示。

Step 04 单击【确定】按钮，即可发现图像变得更加明亮，如图2-34所示。

图2-33

图2-34

◎提示·◎

　　在【属性】面板中单击【亮度和对比度】按钮◐，也可打开【亮度/对比度】对话框，可对选中的图像进行亮度、对比度的设置，与在菜单栏中选择【编辑】|【图像】|【亮度/对比度】命令作用相同。在【亮度/对比度】对话框中，亮度和对比度的数值范围为-100～100。

图2-36　　　　　　　图2-37

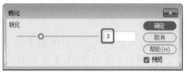

图2-38　　　　　　　图2-39

实例 040 锐化图像

◉ 素材：素材\Cha02\凯途酒店\小图2.jpg
◉ 场景：场景\Cha02\实例040 锐化图像.html

　　锐化能增强对象边缘像素的对比度，使图像模糊的地方层次分明，从而提升图像的清晰度，效果如图2-35所示。

图2-35

Step 01 继续上一实例的操作，将光标置入下方第二个空白单元格中，按Ctrl+Alt+I组合键，在弹出的【选择图像源文件】对话框中选择【素材\Cha02\凯途酒店\小图2.jpg】素材图像，按Ctrl+C组合键与Ctrl+V组合键将其复制并粘贴，选中复制出的【小图2 - 副本.jpg】素材图像，单击【确定】按钮，并在【属性】面板中将【宽】、【高】分别设置为121px、111px，如图2-36所示。

Step 02 在菜单栏中选择【编辑】|【图像】|【锐化】命令，如图2-37所示。

Step 03 在弹出的【锐化】对话框中将【锐化】设置为3，如图2-38所示。

Step 04 单击【确定】按钮，即可发现图像的变化，如图2-39所示。

◎提示·◎

　　在【属性】面板中单击【锐化】按钮▲，也可打开【锐化】对话框，可对选中的图像进行锐化设置，与在菜单栏中选择【编辑】|【图像】|【锐化】命令作用相同。在【锐化】对话框中，锐化的数值范围为0～10。

实例 041 鼠标经过图像

◉ 素材：素材\Cha02\凯途酒店\首页1.jpg、首页2.jpg
◉ 场景：场景\Cha02\实例041 鼠标经过图像.html

　　鼠标经过图像效果是由两张图片组成的，在浏览器中浏览网页时，当光标移至原始图像时会显示鼠标经过的图像，当光标离开后又恢复为原始图像，效果如图2-40所示。

图2-40

Step 01 继续上一实例的操作，将光标置入大图左侧的第一个单元格中，在菜单栏中选择【插入】| HTML |【鼠标经过图像】命令，如图2-41所示。

图2-41

Step 02 在弹出的【插入鼠标经过图像】对话框中，【图像名称】使用默认设置即可，单击【原始图像】文本框右侧的【浏览】按钮，选择【素材\Cha02\凯途酒店\首页1.jpg】素材图像，然后单击【鼠标经过图像】文本框右侧的【浏览】按钮，选择【素材\Cha02\凯途酒店\首页2.jpg】素材图像，如图2-42所示。

图2-42

Step 03 单击【确定】按钮，即可插入鼠标经过图像，如图2-43所示。

Step 04 使用同样的方法将其他素材文件插入至文档中，效果如图2-44所示。

Step 05 按F12键在浏览器中预览效果，将光标放在需要查看的图片上，图片即可发生变化，如图2-45所示。

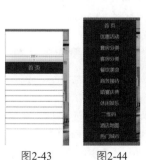

图2-43   图2-44   图2-45

实例 **042** 插入图像热点区域

● 素材：素材\Cha02\新友旅行\新友旅行素材.html、插入图像热点区域素材.html
● 场景：场景\Cha02\实例042 插入图像热点区域.html

利用HTML语言在图像上定义一定范围，然后再为其添加链接，所添加热点链接的范围称为热点链接，制作后的效果如图2-46所示。

图2-46

Step 01 按Ctrl+O组合键，打开【素材\Cha02\新友旅行\新友旅行素材.html】素材文件，如图2-47所示。

图2-47

Step 02 选中大图，在【属性】面板中单击【矩形热点工具】按钮，如图2-48所示。

图2-48

Step 03 在大图上绘制一个热点范围并对其进行调整，在【属性】面板中单击【链接】文本框右侧的【浏览文件】按钮，在弹出的【选择文件】对话框中选择【素材\Cha02\新友旅行\插入图像热点区域素材.html】素材文件，单击【确定】按钮，即可插入热点链接，切换至【拆分】视图，在第296行href的左侧输入"alt="#""代码，如图2-49所示。

图2-49

Step 04 按F12键在浏览器中预览效果,单击热点区域即可进行跳转,如图2-50所示。

图2-50

实例 043 插入背景图像

⊙ 素材:素材\Cha02\新友旅行\背景图像素材.jpg
⊙ 场景:场景\Cha02\实例043 背景图像.html

插入背景图像可以使网页内容更加丰富且美观,本例将讲解如何插入背景图像,效果如图2-51所示。

图2-51

Step 01 继续上一实例的操作,在【属性】面板中单击【页面属性】按钮,如图2-52所示。

图2-52

Step 02 在弹出的【页面属性】对话框中单击【背景图像】文本框右侧的【浏览】按钮,在弹出的【选择图像源文件】对话框中选择【素材\Cha02\新友旅行\背景图像素材.jpg】素材图像,单击【确定】按钮,即可选中素材文件,如图2-53所示。

图2-53

Step 03 再次单击【确定】按钮,即可插入背景图像,按F12键进行预览,如图2-54所示。

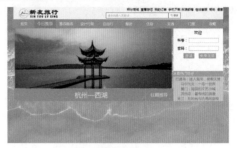

图2-54

⊙ 提示·•

在菜单栏中选择【文件】|【页面属性】命令,即可打开【页面属性】对话框,其作用与在【属性】面板中单击【页面属性】按钮相同。

实例 044 下载链接

⊙ 素材:素材\Cha02\新友旅行\二维码素材.html
⊙ 场景:场景\Cha02\实例044 下载链接.html

如果需要在网站中为浏览者提供图片或文字的下载资料,就必须为这些图片或文字提供下载链接,单击链接时就会下载指定的文件,制作后的效果如图2-55所示。

图2-55

Step 01 继续上一实例的操作,选中【手机下载】文本,在【属性】面板中单击HTML按钮,然后单击【链接】文本框右侧的【浏览文件】按钮,在弹出的【选择文件】对话框中选择【素材\Cha02\新友旅行\二维码素材.html】素材文件,如图2-56所示。

图2-56

Step 02 在【属性】面板中单击【页面属性】按钮,在弹出的【页面属性】对话框中单击【链接】按钮,将【链接颜色】设置为#000000,【变换图像链接】设置为

#0000CC，【已访问链接】设置为#000000，单击【下划线样式】右侧的下三角按钮 ∨，在弹出的下拉列表中选择【仅在变换图像时显示下划线】选项，如图2-57所示。

图2-57

Step 03 单击【确定】按钮，按F12键进行预览，将光标放在【手机下载】链接上即可发现文字的变化，单击将跳转到链接的文档，如图2-58所示。

图2-58

实例 045 创建锚记链接

● 素材：素材\Cha02\新友旅行\二维码素材.html
● 场景：场景\Cha02\实例045 创建锚记链接.html

创建锚记链接就是在文档中的某个位置插入标记，并且为其设置一个标记名称，以便于引用。锚记常用于长篇文章、技术文件等内容量比较大的网页，当用户单击某一个超链接时，可以单击创建的锚记链接进行跳转，效果如图2-59所示。

图2-59

Step 01 继续上一实例的操作，切换至【拆分】视图，将光标置于第224行的末尾，按Enter键与删除键，然后输入代码 "<a name="return"></a>"，如图2-60所示，按F5键刷新，即可为当前文档命名锚记并显示锚记标记 ⚓。

Step 02 按Ctrl+Shift+S组合键，在弹出的【另存为】对话框中将【文件名】设置为【创建锚记链接】，【保存类型】保持默认设置即可，单击【保存】按钮，在弹出的Dreamweaver对话框中单击【是】按钮，如图2-61所示。

图2-60　　　　图2-61

Step 03 按Ctrl+O组合键，打开【素材\Cha02\新友旅行\二维码素材.html】素材文件，如图2-62所示。

图2-62

Step 04 选择【取消下载】文本，在【属性】面板中单击HTML按钮 <> HTML，在【链接】文本框中输入【创建锚记链接.html#return】，按Enter键确认，如图2-63所示。

图2-63

Step 05 在【属性】面板中单击【页面属性】按钮，在弹出的【页面属性】对话框中单击【链接】按钮，将【链接颜色】、【已访问链接】均设置为#0000CC，将【下划线样式】设置为【仅在变换图像时显示下划线】，如图2-64所示。

图2-64

Step 06 单击【确定】按钮，按F12键进行预览，如图2-65所示，单击【取消下载】即可跳转至链接文档中。

图2-65

◎提示•○

　　如果要在同一文档中创建锚记链接，只需在【链接】文本框中输入 "#" 符号与锚记名称即可。

实例 046 创建E-mail链接

● 场景：场景\Cha02\实例046 E-mail链接.html

为了方便浏览者与网站管理者之间的沟通，一般的网页中都会设有一个电子邮件的链接。电子邮件是一种极为特殊的链接，单击它，不会自动跳转到指定网页位置，而是会自动打开一个默认的电子邮件处理系统，效果如图2-66所示。

图2-66

Step 01 继续上一实例的操作，单击【创建锚记链接.html】文档，选中【反馈邮箱】文本，在菜单栏中选择【插入】| HTML|【电子邮件链接】命令，如图2-67所示。

图2-67

Step 02 弹出【电子邮件链接】对话框，在【电子邮件】文本框中输入需要的电子邮件地址，如图2-68所示。

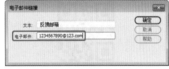

图2-68

Step 03 输入完成后，单击【确定】按钮，按F12键在浏览器中预览效果，单击【反馈邮箱】链接，即可打开邮箱，根据提示添加邮件账户信息即可，如图2-69所示。

图2-69

实例 047 设置空链接

🔘 场景：场景\Cha02\实例047 设置空链接.html

空链接是一种没有指定位置的链接，一般用于为页面上的对象或文本附加行为，效果如图2-70所示。

图2-70

Step 01 继续上一实例的操作，选中【往期推荐】文本，在【属性】面板中单击HTML按钮 <> HTML，在【链接】文本框中输入"#"，按Enter键进行确认，即可对文本设置空链接，如图2-71所示。

Step 02 按F12键在浏览器中预览效果，将光标放置在【往期推荐】文本上并单击，即可查看文本的空链接效果，如图2-72所示。

图2-71   图2-72

实例 048 弹出信息设置

🔘 场景：场景\Cha02\实例048 弹出信息设置.html

使用【弹出信息】动作，可以在浏览者单击某个行为时，显示一个带有JavaScript 的警告。由于JavaScript 警告只有一个【确定】按钮，所以该动作只能作为提示信息，而不能为浏览者提供选择，效果如图2-73所示。

图2-73

Step 01 继续上一实例的操作，单击【免费注册】图片，在【属性】面板中单击【矩形热点工具】按钮口，在图片中绘制矩形并通过【指针热点工具】对其进行调整，如图2-74所示。

Step 02 在菜单栏中选择【窗口】|【行为】命令，如图2-75所示。

图2-74　　　　　　　图2-75

Step 03 在弹出的【行为】面板中单击【添加行为】按钮+,，在弹出的下拉列表中选择【弹出信息】选项，如图2-76所示。

Step 04 弹出【弹出信息】对话框，在【消息】文本框中输入【正在努力加载中，请稍候……】，如图2-77所示。

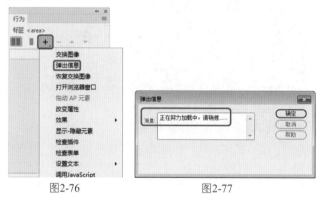

图2-76　　　　　　　图2-77

Step 05 输入完成后，单击【确定】按钮，即可为选中的热点区域添加【弹出信息】行为，如图2-78所示。

Step 06 按F12键进行预览，将光标放在添加行为的热点区域，即可弹出信息，如图2-79所示。

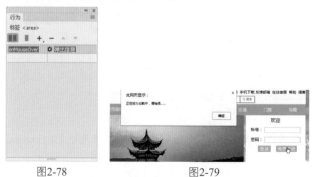

图2-78　　　　　　　图2-79

实例 (049) 插入复选框

🔘 场景：场景\Cha02\实例049 插入复选框.html

如果需要在网页中选中某一选项或多个选项，即可为其添加复选框，效果如图2-80所示。

图2-80

Step 01 继续上一实例的操作，将光标置入大图右侧的空白单元格中，在菜单栏中选择【窗口】|【插入】命令，如图2-81所示。

Step 02 在弹出的【插入】面板中单击HTML标签，在弹出的下拉列表中单击【表单】按钮，如图2-82所示。

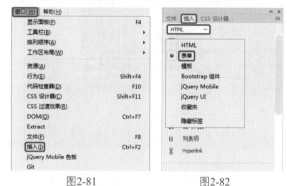

图2-81　　　　　　　图2-82

Step 03 选中【复选框】复选框，即可在当前单元格中插入复选框，如图2-83所示。

图2-83

Step 04 选中复选框后面的英文，将其更改为【自动登录】文本，并选中文本，在【属性】面板中单击CSS按钮 ⓑ CSS，在【字体】文本框中输入文本【微软雅黑】，按Enter键确认，如图2-84所示。

图2-84

Step 05 按F12键进行预览，单击插入的复选框，即可对其进行勾选，如图2-85所示。

图2-85

实例 **050** 拖动AP元素

- 素材：素材\Cha02\新友旅行\拖动AP元素素材.jpg
- 场景：场景\Cha02\实例050 拖动AP元素.html

【拖动AP元素】行为可以让浏览者拖动绝对定位的AP元素。此行为适合用于拼版游戏、滑块空间等其他可移动的界面元素，效果如图2-86所示。

图2-86

Step 01 继续上一实例的操作，在菜单栏中选择【插入】| Div命令，如图2-87所示。

Step 02 弹出【插入Div】对话框，在ID文本框中输入名称，这里使用div01，单击【新建CSS规则】按钮，如图2-88所示。

图2-87

图2-88

Step 03 在弹出的【新建CSS规则】对话框中单击【确定】按钮，弹出【#div01的CSS规则定义】对话框，选择【定位】选项，单击Position文本框右侧的下三角按钮，在弹出的下拉列表中选择absolute，将Width设置为87，Height设置为100，Top设置为263，Left设置为

669，如图2-89所示。

Step 04 单击【确定】按钮，返回至【插入Div】对话框，再次单击【确定】按钮，即可创建div。删除文字，按Ctrl+Alt+I组合键，选择【素材\Cha02\新友旅行\拖动AP元素素材.jpg】素材图像，单击边框，使其自动调整，如图2-90所示。

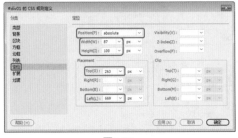

图2-89　　　　　　　　　　图2-90

Step 05 在状态栏的标签选择器中单击body标签，如图2-91所示。

Step 06 按Shift+F4组合键，在打开的【行为】面板中单击【添加行为】按钮 +，在弹出的下拉列表中选择【拖动AP元素】选项，如图2-92所示。

图2-91　　　　　　　　　　图2-92

Step 07 在弹出的【拖动AP元素】对话框中使用默认参数，如图2-93所示。

Step 08 单击【确定】按钮，即可将【拖动AP元素】行为添加到【行为】面板中，如图2-94所示。

图2-93　　　　　　　　　　图2-94

Step 09 在菜单栏中选择【文件】|【实时预览】| Internet Explorer命令进行预览，如图2-95所示。

Step 10 在弹出的对话框中单击【允许阻止的内容】按钮，即可随意拖动AP元素，如图2-96所示。

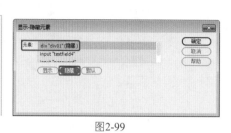

图2-95

图2-96

图2-98   图2-99

Step 03 设置完成后，单击【确定】按钮，即可在【行为】面板中添加【显示-隐藏元素】行为，如图2-100所示。

Step 04 按F12键在浏览器中预览效果，在预览效果时添加【显示-隐藏元素】的对象将会被隐藏，效果如图2-101所示。

图2-100   图2-101

实例 ⓪⑤① 显示-隐藏元素

🔘 场景：场景\Cha02\实例051 显示-隐藏元素.html

使用【显示-隐藏元素】动作可以显示、隐藏、恢复一个或多个AP Div元素的可见性。用户可以使用此行为来制作浏览者与页面进行交互时显示的信息，效果如图2-97所示。

图2-97

Step 01 继续上一实例的操作，单击body标签，在【行为】面板中单击【添加行为】按钮 ╋，在弹出的下拉列表中选择【显示-隐藏元素】选项，如图2-98所示。

Step 02 在弹出的【显示-隐藏元素】对话框中选择【元素】下拉列表框中的【div"div01"（隐藏）】，单击【隐藏】按钮，如图2-99所示。

实例 ⓪⑤② 插入HTML5音频

🔘 素材：素材\Cha02\新友旅行\插入HTML5音频素材.mp3
🔘 场景：场景\Cha02\实例052 插入HTML5音频.html

插入HTML5音频后，浏览者可以自己控制当前网页的播放属性与声音大小。本例将讲解如何插入HTML5音频，效果如图2-102所示。

图2-102

Step 01 继续上一实例的操作，单击表格下方的空白处，在菜单栏中选择【插入】| HTML | HTML5 Audio命令，如图2-103所示。

Step 02 即可在相应位置看到插入的音频图标，在【属性】面板中单击【源】文本框右侧的【浏览】按钮 ▭，如图2-104所示。

图2-103

图2-104

Step 03 在弹出的【选择音频】对话框中选择【素材\Cha02\新友旅行\插入HTML5音频素材.mp3】素材文件，在【属性】面板中选中Loop复选框，音频即可循环播放，如图2-105所示。

图2-105

Step 04 按F12键在浏览器中进行预览，可控制音频播放，如图2-106所示。

图2-106

实例 **053** 插入HTML5视频

⊙ 素材：素材\Cha02\插入HTML5视频素材.mp4
⊙ 场景：场景\Cha02\实例053 插入HTML5.HTML

插入HTML5视频后，浏览者可以直接观看该网页的视频，无须下载。本例将讲解如何插入HTML5视频，效果如图2-107所示。

图2-107

Step 01 按Ctrl+N 组合键，新建【文档类型】为HTML5的文档，在菜单栏中选择【插入】| HTML | HTML5 Video 命令，如图2-108所示。

图2-108

Step 02 即可看到插入一个视频图标，单击图标，在【属性】面板中单击【源】文本框右侧的【浏览】按钮，在弹出的【选择视频】对话框中选择【素材\Cha02\插入HTML5视频素材.mp4】素材文件，并选中AutoPlay复选框，如图2-109所示。

图2-109

Step 03 在菜单栏中选择【文件】|【实时预览】| Internet Explorer命令进行预览，在弹出的对话框中单击【允许阻止的内容】按钮，视频即可自动播放，如图2-110所示。

图2-110

实例 054 插入背景音乐

- 素材：素材\Cha02\插入背景音乐素材.mp3
- 场景：场景\Cha02\实例054 插入背景音乐.html

添加背景音乐，可以在网页打开后就响起音乐。本例将讲解如何插入背景音乐，具体的操作步骤如下。

Step 01 继续上面的操作，切换到【代码】视图，如图2-111所示。

```
代码  拆分  设计 ▼
Untitled-10* ×
1  <!doctype html>
2 ▼ <html>
3 ▼ <head>
4    <meta charset="utf-8">
5    <title>无标题文档</title>
6    </head>
7
8 ▼ <body>
9 ▼ <video controls="controls" autoplay="autoplay" >
10     <source src="file:///E|/配送资源/素材/Cha02/插入HTML5
       视频素材.mp4" type="video/mp4">
11    </video>
12    </body>
13    </html>
14  |
```

图2-111

Step 02 将光标置入</body>标记的后面，按键盘上的Enter键，这时将在</body>标记下方新建一行，删除空格，如图2-112所示。

```
1  <!doctype html>
2 ▼ <html>
3 ▼ <head>
4    <meta charset="utf-8">
5    <title>无标题文档</title>
6    </head>
7
8 ▼ <body>
9 ▼ <video controls="controls" autoplay="autoplay" >
10     <source src="../../素材/Cha02/插入HTML5 视频素材.mp4"
       type="video/mp4">
11    </video>
12    </body>
13    □
14    </html>
15
```

图2-112

Step 03 在【代码】视图中输入"< bgsound"，按空格键，在弹出的列表中双击src命令，如图2-113所示。

```
1  <!doctype html>
2    <html>
3 ▼ <head>
4    <meta charset="utf-8">
5    <title>无标题文档</title>
6    </head>
7
8 ▼ <body>
9 ▼ <video controls="controls" autoplay="autoplay" >
10     <source src="../../素材/Cha02/插入HTML5 视频素材.mp4"
       type="video/mp4">
11    </video>
12    </body>
13    <bgsound |
14    </html>
15         balance
             delay
             loop
             src
```

图2-113

Step 04 在弹出的列表中双击【浏览】命令，如图2-114所示。

```
1  <!doctype html>
2    <html>
3 ▼ <head>
4    <meta charset="utf-8">
5    <title>无标题文档</title>
6    </head>
7
8 ▼ <body>
9 ▼ <video controls="controls" autoplay="autoplay" >
10     <source src="../../素材/Cha02/插入HTML5 视频素材.mp4"
       type="video/mp4">
11    </video>
12    </body>
13    <bgsound src="    浏览...
14    </html>
15
```

图2-114

Step 05 在弹出的对话框中选择【素材\Cha02\插入背景音乐素材.mp3】素材文件，单击【确定】按钮，如图2-115所示。

```
1  <!doctype html>
2    <html>
3 ▼ <head>
4    <meta charset="utf-8">
5    <title>无标题文档</title>
6    </head>
7
8 ▼ <body>
9 ▼ <video controls="controls" autoplay="autoplay" >
10     <source src="../../素材/Cha02/插入HTML5 视频素材.mp4"
       type="video/mp4">
11    </video>
12    </body>
13    <bgsound src="../../素材/Cha02/插入背景音乐素材.mp3"
14    </html>
15
```

图2-115

Step 06 在【代码】视图中输入">"，执行该操作后按F5键，即可完成音乐的插入，如图2-116所示。

```
1  <!doctype html>
2 ▼ <html>
3 ▼ <head>
4    <meta charset="utf-8">
5    <title>无标题文档</title>
6    </head>
7
8 ▼ <body>
9 ▼ <video controls="controls" autoplay="autoplay" >
10     <source src="../../素材/Cha02/插入HTML5 视频素材.mp4"
       type="video/mp4">
11    </video>
12    </body>
13    <bgsound src="../../素材/Cha02/插入背景音乐素材.mp3">
       </bgsound>
14    </html>
15
```

图2-116

◉提示·◦

预览效果时需在IE浏览器中进行。

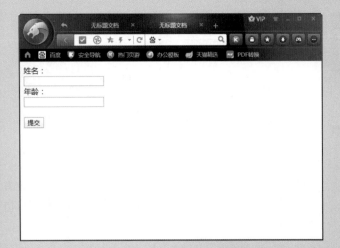

第3章 网页开发语言入门

 本章导读...

随着信息技术的迅速发展，在人们的生活中网络已成为不可或缺的一部分，查阅资料、学习、购物、娱乐等活动均可借助互联网来满足需求，本章将简单介绍网页的基本开发语言。

实例 055 熟悉HTML

一个网页对应多个HTML文件，超文本标记语言文件以.htm或.html为扩展名。可以使用任何能够生成TXT类型源文件的文本编辑器来产生超文本标记语言文件，只需修改文件后缀即可。

标准的超文本标记语言文件都具有一个基本的整体结构，标记一般都是成对出现（部分标记除外，例如
），即超文本标记语言文件的开头与结尾标志和超文本标记语言的头部与实体两大部分。有三个双标记符用于页面整体结构的确认。

标记符<html>，说明该文件是用超文本标记语言（本标记的中文全称）来描述的，它是文件的开头；而</html>则表示该文件的结尾。

1. 头部内容

<head></head>：这两个标记符分别表示头部信息的开始和结尾。头部中包含的标记是页面的标题、说明等内容，如图3-1所示。它本身不作为内容来显示，但影响网页显示的效果。头部中最常用的标记符是标题标记符和meta标记符。其中，标题标记符用于定义网页的标题，它的内容显示在网页窗口的标题栏中，网页标题可被浏览器用作书签和收藏清单。

图3-1

这里可以设置文档标题和其他在网页中不显示的信息，比如字符集、元信息等。

表3-1列出了 HTML head 元素。

表3-1 HTML head元素

标 签	描 述
<head>	定义了文档的头部信息
<title>	定义了文档的标题
<base>	定义了页面链接标签的默认链接地址
<link>	定义了一个文档和外部资源之间的关系
<meta>	定义了HTML文档中的元数据
<script>	定义了客户端的脚本文件
<style>	定义了HTML文档的样式文件

2. 主体内容

<body></body>：网页中显示的实际内容均包含在这两个正文标记符之间。正文标记符又称为实体标记，如图3-2所示。

图3-2

实例 056 HTML的编写要求

在编辑超文本标记语言文件和使用有关标记符时有一些约定或默认的要求，在Dreamweaver中输入内容时所显示的效果如图3-3所示。

文本标记语言源程序的文件扩展名默认使用.htm或.html，以便于操作系统或程序辨认。在使用文本编辑器时，注意修改扩展名。而常用的图像文件的扩展名为.gif和.jpg。

图3-3

超文本标记语言源程序为文本文件，其列宽可不受限制，即多个标记可写成一行，甚至整个文件可写成一行；若写成多行，浏览器一般忽略文件中的回车符（标记指定除外）；对文件中的空格通常也不按源程序中的效果显示。完整的空格可使用特殊符号" "（注意字母必须小写），表示非换行空格；表示文件路径时使用符号"/"分隔，文件名及路径描述可用双引号，也可不用引号括起。标记符中的标记元素用尖括号括起来，带斜杠的元素表示该标记说明结束；大多数标记符必须成对使用，以表示作用的起始和结束；标记元素忽略大小写，其作用相同；许多标记元素具有属性说明，可用参数对元素做进一步的限定，多个参数或属性项说明次序不限，其间用空格分隔即可；一个标记元素的内容可以写成多行。

标记符号，包括尖括号、标记元素、属性项等必须使用半角的西文字符，而不能使用全角字符。

HTML注释由"<!--"符号开始，由符号"-->"结束，例如<!--注释内容-->。注释内容可插入文本中任何位置。任何标记若在其最前插入惊叹号，即被标识为注释，不予显示。

常见符号如表3-2所示。

表3-2 常见符号

显示结果	描 述	符号拼写
	空格	
<	小于号	&lt;
>	大于号	&gt;
&	和号	&amp;
"	引号	&quot;
'	撇号	'（IE不支持）
¢	分	&cent;

续表

显示结果	描 述	符号拼写
£	镑	&pound;
¥	日元	&yen;
€	欧元	&euro;
§	小节	&sect;
©	版权	&copy;
®	注册商标	&reg;
™	商标	&trade;
×	乘号	&times;
÷	除号	&divide;

实例 057 body属性

每种HTML标记符在使用中可带有不同的属性项，用于描述该标记符说明的内容显示不同的效果。正文标记符中提供以下属性来改变文本的颜色及页面背景。

➤ background-color：用于定义网页的背景色，如图3-4所示。
➤ BACKGROUND：用于定义网页背景图案的图像文件。

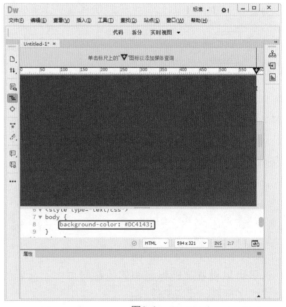

图3-4

➤ TEXT：用于定义正文字符的颜色，默认为黑色。
➤ LINK：用于定义网页中的超链接字符的颜色，默认为蓝色。

- ➤ VLINK：用于定义网页中已被访问过的超链接字符的颜色，默认为紫红色。
- ➤ ALINK：用于定义被鼠标选中但未使用时超链接字符的颜色，默认为红色。

使用以上属性时，需要对颜色进行说明，在HTML中可使用3种方法说明颜色属性值，即直接颜色名称、16进制颜色代码、10进制RGB码。

直接颜色名称，可以在代码中直接写出颜色的英文名称。如"<font color="red">我们</font>"，在浏览器上显示时就为红色。

16进制颜色代码，语法格式：#RRGGBB。16进制颜色代码之前必须有一个"#"号，这里颜色代码是由三部分组成的，其中前两位代表红色，中间两位代表绿色，后两位代表蓝色。不同的取值代表不同的颜色，它们的取值范围是00~FF。如"<font color="#FF0000">我们</font>"，在浏览器上的显示同样为红色。

10进制RGB码，语法格式：RGB(RRR,GGG,BBB)。在这种表示法中，后面三个参数分别是红色、绿色、蓝色，它们的取值范围是0~255。如"<font color="rgb(255,0,0)">我们</font>"，在浏览器上显示字体为红色。

实例 058 文字属性

网页主要是由文字及图片组成的，在网页中，那些千变万化的文字效果又是由哪些常用标记控制的呢？下面将简单介绍关于文字属性的相关知识。

- ➤ <h1></h1>：最大的标题（一号标题）。
- ➤ <pre></pre>：预先格式化文本。
- ➤ <u></u>：下划线。
- ➤ <b></b>：黑体字。
- ➤ <i></i>：斜体字。
- ➤ <tt></tt>：打字机风格的字体。
- ➤ <cite></cite>：引用，通常是斜体。
- ➤ <em></em>：强调文本（通常是斜体加黑体）。
- ➤ <strong></strong>：加重文本（通常是斜体加黑体）。
- ➤ <font size="" color=""></font>：设置字体大小从1到7，颜色使用名字或RGB的十六进制值。
- ➤ <BASEFONT></BASEFONT>：基准字体标记。

- ➤ <BIG></BIG>：字体加大。
- ➤ <SMALL></SMALL>：字体缩小。
- ➤ <DELECT></DELECT>：加删除线。
- ➤ <CODE></CODE>：程序码。
- ➤ <KBD></KBD>：键盘字。
- ➤ <SAMP></SAMP>：范例。
- ➤ <VAR></VAR>：变量。
- ➤ <BLOCKQUOTE></BLOCKQUOTE>：向右缩排（向右缩进、块引用）。
- ➤ <DFN></DFN>：术语定义。
- ➤ <ADDRESS></ADDRESS>：地址标记。
- ➤ ：上标字。
- ➤ ：下标字。
- ➤ <xmp></xmp>：固定宽度字体（在文件中空白、换行、定位功能有效）。
- ➤ <plaintext></plaintext>：固定宽度字体（不执行标记符号）。
- ➤ <listing></listing>：固定宽度小字体。
- ➤ <font color=00ff00></font>：字体颜色。
- ➤ <font size=1></font>：字体 大小等于1（最小）。

实例 059 表单的使用

表单通常配合脚本或后台程序来运行，表单元素指的是不同类型的 input 元素、复选框、单选按钮、提交按钮等。本实例将对表单的使用进行简单的介绍。

1. <form> 元素

HTML 表单用于收集用户输入。<form> 元素定义HTML 表单。

◉实例·◦
```
<form>
.
form elements
.
</form>
```

表3-3是 <form> 属性的列表。

表3-3 <form>属性描述

属 性	描 述
accept-charset	规定在被提交表单中使用的字符集（默认：页面字符集）
action	规定向何处提交表单的地址（URL）（提交页面）
autocomplete	规定浏览器应该自动完成表单（默认：开启）
enctype	规定被提交数据的编码（默认：url-encoded）
method	规定在提交表单时所用的HTTP方法（默认：GET）
name	规定识别表单的名称（对于 DOM 使用：document.forms.name）
novalidate	规定浏览器不验证表单
target	规定 action 属性中地址的目标（默认：_self）

2. <input> 元素

<input> 元素是最重要的表单元素，其有很多形态，取决于不同的 type 属性。

1）文本输入

<input type="text"> 定义用于文本输入的单行输入字段。输入下列代码后的效果如图3-5所示。

◉实例·∘

```
<form>
 姓名：<br>
<input type="text" name="name">
<br>
 年龄：<br>
<input type="text" name="age">
</form>
```

图3-5

◉提示·∘

表单本身并不可见。还要注意文本字段的默认宽度是 20 个字符。

2）单选按钮输入

<input type="radio"> 定义单选按钮。通过输入如下代码所创建的单选按钮如图3-6所示。

◉实例·∘

```
<form>
<input type="radio" name="gender" value="male">男
<br>
<input type="radio" name="gender" value="female">女
</form>
```

图3-6

单选按钮允许用户在有限数量的选项中选择其中之一。

3）提交按钮输入

<input type="submit"> 定义用于向表单处理程序提交表单的按钮。通过输入下列代码即可创建提交按钮，效果如图3-7所示。

◉实例·∘

```
<form action="action_page.php">
 姓名：<br>
<input type="text" name=" name " value=" ">
<br>
 年龄：<br>
<input type="text" name=" age" value=" ">
<br><br>
<input type="submit" value="提交">
</form>
```

图3-7

1. action 属性

表单处理程序通常是包含用来处理输入数据的脚本的服务器页面。表单处理程序在表单的 action 属性中指定。

action 属性定义在提交表单时执行的动作。向服务器提交表单的通常做法是使用提交按钮。通常，表单会被提交给 Web 服务器上的网页。

2. method 属性

method 属性规定在提交表单时所用的 HTTP 方法（GET 或 POST）。

3. name 属性

如果要正确地被提交，每个输入字段必须设置一个 name 属性。

下例只会提交"年龄"输入字段。

◎实例·◎
```
<form action="action_page.php">
姓名：<br>
<input type="text" value="李一">
<br>
年龄：<br>
<input type="text" name="age" value="18">
<br><br>
<input type="submit" value="提交">
</form>
```

◎提示·◎

如果单击提交，表单数据会被发送到名为 action_page.php 的页面。因为此input元素没有name属性，所以姓名不会被提交。

实例 060 超链接的使用

HTML 使用超链接与网络上的另一个文档相连。几乎

可以在所有的网页中找到链接，单击链接，可以从一个页面跳转到另一个页面。

超链接可以是一个字、一个词，或者一组词，也可以是一幅图像，用户可以单击这些内容，跳转到新的文档或者当前文档中的某个部分。

我们通过使用 <a> 标记在 HTML 中创建链接。有两种使用 <a> 标记的方式：

➢ 通过使用 href 属性，创建指向另一个文档的链接。

➢ 通过使用 name 属性，创建文档内的书签。

1. HTML 链接语法

链接的 HTML 代码很简单。它类似这样：<a href="url">Link text</a>。href 属性规定链接的目标。开始标记和结束标记之间的文字被作为超链接来显示。

◎实例·◎
```
<a href=" https://www.baidu.com/"> www.baidu.com </a>
```

上面这行代码显示为：www.baidu.com，单击这个超链接，会把用户带到百度的首页，输入代码后的效果如图3-8所示，输入完成后按F12键预览效果，如图3-9所示。

图3-8

图3-9

2.HTML 链接的name 属性

name 属性规定锚（anchor）的名称。用户可以使用 name 属性创建 HTML 页面中的书签。书签不会以任何特殊方式显示，它对读者是不可见的。

当使用命名锚（named anchors）时，我们可以创建直接跳至该命名锚（比如页面中某个小节）的链接，这样使用者就无须不停地滚动页面来寻找他们需要的信息了。

命名锚的语法：

<a name="label">锚（显示在页面上的文本）</a>

> ◎提示·◎
>
> 锚的名称可以是任何你喜欢的名字。用户也可以使用 id 属性来替代 name 属性，命名锚同样有效。

> ◎实例·◎
>
> 首先，我们在 HTML 文档中对锚进行命名（创建一个书签）：
>
> <a name="tips">基本的注意事项 - 有用的提示</a>
>
> 然后，我们在同一个文档中创建指向该锚的链接：
>
> <a href="#tips">有用的提示</a>

在上面的代码中，我们将"#"符号和锚名称添加到 URL 的末端，就可以直接链接到 tips 这个命名锚了。

实例 061 JavaScript的基本信息

JavaScript 是世界上最流行的脚本语言，其属于 Web 的语言，它适用于 PC、笔记本电脑、平板电脑和移动电话。JavaScript 被设计为向 HTML 页面增加交互性。许多 HTML 开发者都不是程序员，但是 JavaScript 拥有非常简单的语法，几乎每个人都有能力将小的 JavaScript 片段添加到网页中。

JavaScript是一种基于对象和事件驱动并具有相对安全性的客户端脚本语言，同时也是一种广泛用于客户端Web开发的脚本语言，常用来给HTML网页添加动态功能，比如响应应用用户的各种操作。它最初由网景公司（Netscape）的Brendan Eich设计，是一种动态、弱类型、基于原型的语言，内置支持类。JavaScript是Sun公司的注册商标。Ecma国际以JavaScript为基础制定了ECMAScript标准。JavaScript也可以用于其他场合，如服务器端编程。完整的JavaScript实现包含三个部分：ECMAScript、文档对象模型及字节顺序记号。

Netscape公司最初将其脚本语言命名为LiveScript。在Netscape公司与Sun公司合作之后将其改名为JavaScript。JavaScript最初是受Java启发而开始设计的，目的之一就是"看上去像Java"，因此它们在语法上有类似之处，一些名称和命名规范也借自Java。但JavaScript的主要设计原则源自Self和Scheme。JavaScript与Java名称上的近似，是当时为了营销考虑与Sun公司达成协议的结果。

为了取得技术优势，微软推出了VBScript来迎战JavaScript的脚本语言。为了互用性，Ecma国际（前身为欧洲计算机制造商协会）创建了ECMA-262标准（ECMAScript）。现在两者都属于ECMAScript的实现。尽管JavaScript作为给非程序人员的脚本语言，而不是作为给程序人员的编程语言来推广和宣传，但是JavaScript仍具有非常丰富的特性。

实例 062 JavaScript的变量

1. 常用类型

object：对象。

array：数组。

number：数。

boolean：布尔值，只有true和false两个值，是所有类型中占用内存最少的。

null：一个空值，唯一的值是null。

undefined：没有定义和赋值的变量。

2. 命名形式

一般形式是：

var <变量名表>;

其中，var是JavaScript的保留字，表明接下来是变量说明；变量名表是用户自定义标识符，变量之间用逗号分开。和C++等程序不同，在JavaScript中，变量说明不需要给出变量的数据类型。此外，变量也可以不说明而直接使用。

3. 作用域

变量的作用域由声明变量的位置决定，决定哪些脚本命令可访问该变量。在函数外部声明的变量称为全局变量，其值能被所在HTML文件中的任何脚本命令访问和修改。在函数内部声明的变量称为局部变量。只有当函数被执行时，变量才被分配临时空间；函数结束后，变量所占据的空间被释放。局部变量只能被函数内部的语句访问，只对该函数是可见的，而在函数外部是不可见的。

实例 063 JavaScript的运算符

JavaScript提供了丰富的运算功能，包括算术运算、关系运算、逻辑运算和连接运算。

1. 算术运算符

JavaScript中的算术运算符有双目运算符和单目运算符。双目运算符包括：+（加）、-（减）、*（乘）、/（除）、%（取模）、|（按位或）、&（按位与）、<<（左移）、>>（右移）等。单目运算符有：-（取反）、~（取补）、++（递增1）--（递减1）等。

2. 关系运算符

关系运算符又称比较运算，运算符包括：<（小于）、<=（小于等于）、>（大于）、>=（大于等于）、==（等于）和!=（不等于）。

关系运算的运算结果为布尔值，如果条件成立，结果为true，否则为false。

3. 逻辑运算符

逻辑运算符有：&&（逻辑与）、||（逻辑或）、!（取反，逻辑非）、^（逻辑异或）。

4. 连接运算符

连接运算用于字符串操作，运算符为+（用于强制连接），将两个或多个字符串连为一个字符串。

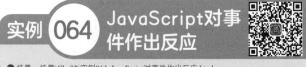

实例 064 JavaScript对事件作出反应

场景：场景\Cha03\实例064 JavaScript对事件作出反应.html

Step 01 新建文档，切换至【代码】视图，输入以下代码：

```
<h1> JavaScript</h1>
<p>
JavaScript 能够对事件作出反应。比如对按钮的单击：
</p>
<button type="button" onclick="alert('请稍候……')">单击这里</button>
```

如图3-10所示。

Step 02 输入完成后，按F12键进行预览，在网页中单击【单击这里】按钮，即可弹出对话框，效果如图3-11所示。

图3-10

图3-11

◎提示

alert() 函数在 JavaScript 中并不常用，但它对于代码测试非常方便。

实例 065 通过JavaScript改变HTML内容

场景：场景\Cha03\实例065 通过JavaScript改变HTML内容.html

使用 JavaScript 来处理 HTML 内容很方便。下面将进行简单的介绍。

Step 01 新建文档，切换至【代码】视图，输入以下代码：

```
<h1> JavaScript</h1>

<p id="demo">
通过JavaScript 改变 HTML 元素的内容。
</p>

<script>
function myFunction()
{
x=document.getElementById("demo"); // 找到元素
x.innerHTML="已改变的元素内容"; // 改变内容
}
</script>
```

<button type="button" onclick="myFunction()">单击这里</button>

如图3-12所示。

图3-12

Step 02 输入完成后，按F12键进行预览，效果如图3-13所示。

图3-13

Step 03 在网页中单击【单击这里】按钮，即可改变网页内容，效果如图3-14所示。

图3-14

实例 **066** 通过JavaScript改变图像

● 场景：场景\Cha03\实例066 通过JavaScript改变图像.html

JavaScript 能够改变任意 HTML 元素的大多数属性，下面将介绍如何改变图像。

Step 01 新建文档，切换至【代码】视图，输入以下代码：

```
<script>
function changeImage()
{
element=document.getElementById('myimage')
if (element.src.match("bulbon"))
  {
    element.src="file:///E|/配送资源/素材/Cha03/通过
JavaScript改变图像素材1.jpg";
  }
else
  {
    element.src="file:///E|/配送资源/素材/Cha03/通过
JavaScript改变图像素材2.jpg";
  }
}
</script>

<img id="myimage" onclick="changeImage()" src=" file:///E|/
配送资源/素材/Cha03/通过JavaScript改变图像素材1.jpg ">

<p>单击切换图片</p>
```

如图3-15所示。

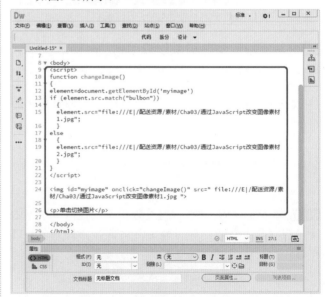

图3-15

Step 02 输入完成后，按F12键进行预览，效果如图3-16所示。

图3-16

Step 03 在网页中单击图片，即可改变图片，效果如图3-17所示。

图3-17

实例 **067** 通过JavaScript改变HTML样式

🌐 场景：场景\Cha03\实例067 通过JavaScript改变HTML样式.html

改变 HTML 元素的样式，属于改变 HTML 属性的变种。

Step 01 新建文档，切换至【代码】视图，输入以下代码：

```
<h1>JavaScript</h1>

<p id="demo">
JavaScript 能改变 HTML 元素的样式。
</p>

<script>
function myFunction()
{
x=document.getElementById("demo") // 找到元素
x.style.color="#FF6700";        // 改变样式
}
```

```
</script>

<button type="button" onclick="myFunction()">单击这里</button>
```

如图3-18所示。

图3-18

Step 02 输入完成后，按F12键进行预览，效果如图3-19所示。

图3-19

Step 03 在网页中单击按钮，即可改变HTML样式，效果如图3-20所示。

图3-20

PHP（英文名为PHP：Hypertext Preprocessor，中文名为超文本预处理器）是一种通用开源脚本语言。语法吸收了C语言、Java和Perl的特点，利于学习，使用广泛，主要适用于Web开发领域。PHP独特的语法混合了C、Java、Perl及PHP自创的语法。它可以比CGI或者Perl更快速地执行动态网页。与其他的编程语言相比，PHP制作的动态页面是将程序嵌入HTML（标准通用标记语言下的一个应用）文档中去执行，执行效率比完全生成HTML标记的CGI要高许多；PHP还可以执行编译后的代码，编译可以达到加密和优化代码运行、使代码运行更快的目的。

另外，PHP支持几乎所有流行的数据库以及操作系统。最重要的是PHP可以用C、C++进行程序的扩展。

常量值被定义后，在脚本的其他任何地方都不能被改变。常量是一个简单值的标识符。该值在脚本中不能改变。一个常量由英文字母、下划线和数字组成，但数字不能作为首字母出现（常量名不需要加"$"修饰符）。

◎提示·◎
　　常量在整个脚本中都可以使用。

1. 设置 PHP 常量
设置常量，使用 define() 函数，语法如下：
bool define (string $name , mixed $value [, bool $case_insensitive = false])
该函数有三个参数。
- name：必选参数，常量名称，即标识符。
- value：必选参数，常量的值。
- case_insensitive：可选参数，如果设置为 TRUE，则该常量大小写不敏感。默认是大小写敏感的。

2. 设置PHP 变量
与代数类似，可以给 PHP 变量赋予某个值（如x=5）或者表达式（如z=x+y）。

变量可以是很短的名称（如 x 和 y），或者更具描述性的名称（如 age、carname、total volume）。

PHP 变量命名规则：

- 变量以"$"符号开始，后面跟着变量的名称。
- 变量名必须以字母或者下划线字符开始。
- 变量名只能包含字母、数字字符及下划线（A~z、0~9 和 _ ）。
- 变量名不能包含空格。
- 变量名是区分大小写的（如$y 和 $Y 是两个不同的变量）。

在 PHP中，算术运算符"+"用于把值加在一起，赋值运算符"="用于给变量赋值。

1. 算术运算符
算术运算符是最简单，也是最常用的运算符，如表3-4所示。

表3-4　算术运算符

运算符	名 称	描 述	实 例	结 果
x + y	加	x 和 y 的和	2 + 2	4
x - y	减	x 和 y 的差	5 - 2	3
x * y	乘	x 和 y 的积	5 * 2	10
x / y	除	x 和 y 的商	15 / 5	3
x % y	模（除法的余数）	x 除以 y 的余数	5 % 2 10 % 8 10 % 2	1 2 0
- x	取反	x 取反	- 2	2
a . b	并置	连接两个字符串	"Hi" . "Ha"	HiHa

2. 赋值运算符
在 PHP 中，基本的赋值运算符是"="，它意味着左操作数被设置为右侧表达式的值。也就是说，$x = 5 的值是 5。赋值运算符如表3-5所示。

表3-5　赋值运算符

运算符	等同于	描 述
x = y	x = y	左操作数被设置为右侧表达式的值
x += y	x = x + y	加
x -= y	x = x - y	减
x *= y	x = x * y	乘
x /= y	x = x / y	除

运算符	等同于	描　述
x %= y	x = x % y	模（除法的余数）
a .= b	a = a . b	连接两个字符串

3. 递增/递减运算符

PHP支持C风格的前/后递增与递减运算符，递增/递减运算符（见表3-6）不影响布尔值，递减NULL值没有效果，但是递增NULL值的结果是1。

表3-6　递增/递减运算符

运算符	名　称	描　述
++ x	预递增	x 加 1，然后返回 x
x ++	后递增	返回 x，然后 x 加 1
-- x	预递减	x 减 1，然后返回 x
x --	后递减	返回 x，然后 x 减 1

4. 比较运算符

PHP 比较运算符（见表3-7）用于比较两个值（数字或字符串）。

表3-7　比较运算符

运算符	名　称	描　述	实　例
x == y	等于	如果 x 等于 y，则返回 true	5==8 返回 false
x === y	恒等于	如果 x 等于 y，且它们类型相同，则返回 true	5==="5" 返回 false
x!= y	不等于	如果 x 不等于 y，则返回 true	5!=8 返回 true
x <> y	不等于	如果 x 不等于 y，则返回 true	5<>8 返回 true
x!== y	不恒等于	如果 x 不等于 y，或它们类型不相同，则返回 true	5!=="5" 返回 true
x > y	大于	如果 x 大于 y，则返回 true	5>8 返回 false
x < y	小于	如果 x 小于 y，则返回 true	5<8 返回 true
x >= y	大于等于	如果 x 大于或者等于 y，则返回 true	5>=8 返回 false
x <= y	小于等于	如果 x 小于或者等于 y，则返回 true	5<=8 返回 true

5. 逻辑运算符

一个编程语言最重要的功能之一就是要进行逻辑判断和运算，比如逻辑与、逻辑或、逻辑非都是这些逻辑运算控制符，如表3-8所示。

表3-8　逻辑运算符

运算符	名　称	描　述	实　例
x and y	与	如果 x 和 y 都为 true，则返回 true	a=6 b=3 （a< 10 and b > 1）返回 true
x or y	或	如果 x 和 y 至少有一个为 true，则返回 true	a=6 b=3 （a==6 or b==5）返回 true
x x or y	异或	如果 x 和 y 有且仅有一个为 true，则返回 true	a=6 b=3 （a==6 a or b==3）返回 false
x && y	与	如果 x 和 y 都为 true，则返回 true	a=6 b=3 （a< 10 && b > 1）返回 true
x || y	或	如果 x 和 y 至少有一个为 true，则返回 true	a=6 b=3 （a==5 || b==5）返回 false
!x	非	如果 x 不为 true，则返回 true	a=6 b=3 !（a==b）返回 true

6. 数组运算符

PHP数组运算符用于比较数组，如表3-9所示。

表3-9　数组运算符

运算符	名　称	描　述
x + y	集合	x 和 y 的集合
x == y	相等	如果 x 和 y 具有相同的键/值对，则返回 true
x === y	恒等	如果 x 和 y 具有相同的键/值对，且顺序相同、类型相同，则返回 true
x!= y	不相等	如果 x 不等于 y，则返回 true
x <> y	不相等	如果 x 不等于 y，则返回 true
x!== y	不恒等	如果 x 不等于 y，则返回 true

第 **4** 章 娱乐休闲类网页设计

本章导读

互联网的迅猛发展不仅带动了相关产业，也促进了各种娱乐休闲类网页的出现。娱乐休闲类网页是比较受欢迎的一类网页，此类网页种类繁多，涉及电影、游戏、音乐等众多领域。

实例 071 映画电影网页设计

- 素材：素材\Cha04\映画电影网页设计
- 场景：场景\Cha04\实例071 映画电影网页设计.html

本实例将介绍映画电影网页设计。首先插入表格，置入图像并为图像添加交换图像效果，然后插入水平线，最后输入文字，完成映画电影网页设计，效果如图4-1所示。

图4-1

Step 01 启动软件后，新建一个HTML文档，然后在【属性】面板中单击【页面属性】按钮，弹出【页面属性】对话框，将【背景颜色】设置为#F7F7F7，将【左边距】、【右边距】、【上边距】、【下边距】均设置为30px，如图4-2所示。

图4-2

Step 02 设置完成后，单击【确定】按钮。按Ctrl+Alt+T组合键，弹出Table对话框，将【行数】和【列】分别设置为2和7，将【表格宽度】设置为940像素，将【单元格间距】设置为3，单击【确定】按钮，插入表格。选择第一

列的两行单元格，右击，在弹出的快捷菜单中选择【表格】|【合并单元格】命令，如图4-3所示。

图4-3

Step 03 将光标置于第一列单元格中，在【属性】面板中将【宽】设置为376；选择第一行的第二至第七列单元格，将【宽】设置为90，将【高】设置为38，将【水平】、【垂直】分别设置为右对齐、底部，如图4-4所示。

图4-4

Step 04 继续选中第一行的第二至第七列单元格，按Ctrl+Alt+M组合键对选中的单元格进行合并；选择第二行的第二列至第七列单元格，在【属性】面板中将【高】设置为40，将【水平】、【垂直】分别设置为右对齐、居中，如图4-5所示。

图4-5

Step 05 将光标置于第一列表格中，按Ctrl+Alt+I组合键，在弹出的对话框中选择【素材\Cha04\映画电影网页设计\ logo.png】素材文件，单击【确定】按钮。选中插入的图像，在【属性】面板中将【宽】、【高】分别设置为311px、80px，效果如图4-6所示。

图4-6

Step 06 使用同样的方法在第一行的第二列单元格中插入【图标.png】素材文件，将其【宽】、【高】分别设置为241px、35px，如图4-7所示。

图4-7

Step 07 将光标置于第二行的第二列单元格中，输入文字，在【属性】面板中将【字体】设置为【华文细黑】，将【大小】设置为20px，效果如图4-8所示。

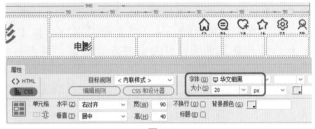

图4-8

Step 08 使用同样的方法在其他单元格中输入文字，并进行相应的设置，如图4-9所示。

图4-9

Step 09 在文档底端的空白处单击，按Ctrl+Alt+T组合键，弹出Table对话框，将【行数】和【列】分别设置为1和9，将【表格宽度】设置为940像素，将【边框粗细】、【单元格边距】、【单元格间距】均设置为0，单击【确定】按钮。选中新插入表格的所有单元格，在【属性】面板中将【水平】设置为【居中对齐】，将【高】设置为45，将【背景颜色】设置为#2A2A2A，效果如图4-10所示。

图4-10

Step 10 将光标置于第一列单元格中，在【属性】面板中将【宽】设置为140，输入文字，将【字体】设置为

【华文细黑】，将【大小】设置为24px，将文字颜色设置为#FFFFFF，如图4-11所示。

图4-11

Step 11 选中第二列至第八列单元格，在【属性】面板中将【宽】设置为78，并在第二至第八列单元格中输入文字，将【字体】设置为【华文细黑】，将【大小】设置为16px，将文字颜色设置为#FFFFFF，如图4-12所示。

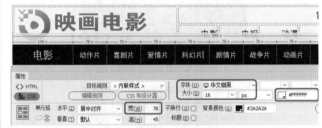

图4-12

Step 12 将光标置于最后一列单元格中，在菜单栏中执行【插入】|【表单】|【搜索】命令，这样就可以插入一个搜索表单，将表单前面的文字修改为【搜索：】，将【字体颜色】设置为#FFFFFF，如图4-13所示。

图4-13

Step 13 在文档底端的空白处单击，插入一个一行一列，【表格宽度】为940像素，【边框粗细】、【单元格边距】、【单元格间距】均为0的表格。将光标置于新插入的表格中，按Ctrl+Alt+I组合键，在弹出的对话框中选择【素材\Cha04\映画电影网页设计\S01.jpg】素材文件，单击【确定】按钮。在【属性】面板中将【宽】、【高】分别设置为940px、386px，如图4-14所示。

Dreamweaver 网页设计与制作 完全实训手册

图4-14

Step 14 在文档底端的空白处单击，插入一个4行6列，表格宽度为940像素，边框粗细、单元格边距、单元格间距均为0的表格，如图4-15所示。

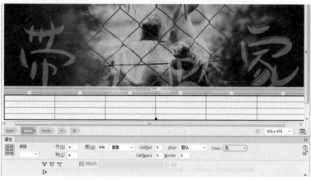

图4-15

Step 15 选中第一行的单元格，在【属性】面板中将【高】设置为40，将【背景颜色】设置为#2A2A2A，如图4-16所示。

图4-16

Step 16 选择第一行的第一列至第五列单元格，按Ctrl+Alt+M组合键将其合并，在合并后的单元格中输入文字，选中输入的文字，在【属性】面板中将【字体】设置为【微软雅黑】，将【大小】设置为18px，将文字颜色设置为#FFFFFF，如图4-17所示。

图4-17

Step 17 将光标置于第一行的第二列单元格中，输入文字，在【属性】面板中将【字体】设置为【微软雅黑】，将【大小】设置为13px，将文字颜色设置为#FFFFFF，将【水平】设置为【右对齐】，将【宽】设置为160，如图4-18所示。

图4-18

提示

　　为了使网页效果预览起来更加美观，在【最近热播】文字左侧添加空格，用户可以按Ctrl+Shift+空格键添加空格。

Step 18 选择第二行至第四行的所有单元格，在【属性】面板中将【水平】设置为【居中对齐】，将【背景颜色】设置为#F0F0F0，如图4-19所示。

图4-19

Step 19 选择第二行的第一列至第五列单元格，在【属性】面板中将【宽】、【高】分别设置为156、230，如图4-20所示。

图4-20

Step 20 将光标置于第二行的第一列单元格中，将【S02.jpg】素材文件置入单元格中，选中置入的图像文件，在【行为】面板中单击【添加行为】按钮 +，在弹出的下拉列表中选择【交换图像】命令，如图4-21所示。

图4-21

Step 21 在弹出的对话框中单击【浏览】按钮，再在弹出的对话框中选择【素材\Cha04\映画电影网页设计\S03.jpg】素材文件，单击【确定】按钮，返回至【交换图像】对话框中，如图4-22所示。

图4-22

Step 22 设置完成后，单击【确定】按钮。将光标置于第三行的第一列单元格中，输入文字，选中输入的文字，在【属性】面板中将【字体】设置为【华文细黑】，将【大小】设置为14px，如图4-23所示。

图4-23

Step 23 将光标置于第四行的第一列单元格中，将【星星01.png】素材文件置入当前单元格中，如图4-24所示。

图4-24

Step 24 将【星星01.png】进行复制，并将【星星02.png】素材文件置入单元格中，如图4-25所示。

图4-25

Step 25 使用同样的方法在其他单元格中置入其他图像，并输入相应的文字，如图4-26所示。

图4-26

Dreamweaver 网页设计与制作 完全实训手册

Step 26 在文档底端的空白处单击，在菜单栏中选择【插入】|HTML|【水平线】命令，插入水平线。选中插入的水平线，在【属性】面板中将【宽】设置为940像素，如图4-27所示。

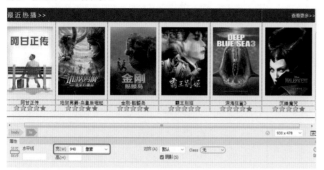

图4-27

⊙提示·∘

　　水平线在网页制作过程中是最为常用的，通过添加水平线，可以使网页之间的不同内容分开，使网页内容看起来更有条理。

Step 27 根据前面所介绍的方法制作其他内容，并进行相应的设置，如图4-28所示。

图4-28

Step 28 将光标置于最下方的水平线的右侧，插入一个3行5列，表格宽度为940像素，边框粗细、单元格边距、单元格间距均为0的表格。选中第一行的5列单元格，在【属性】面板中将【水平】设置为【左对齐】，将【宽】、【高】分别设置为188、40，将【背景颜色】设置为#2A2A2A，如图4-29所示。

图4-29

Step 29 在第一行的5列单元格中输入文字，并将【字体】设置为【华文细黑】，将【大小】设置为18px，将字体颜色设置为#FFFFFF，如图4-30所示。

图4-30

Step 30 选择第二行的5列单元格，在【属性】面板中将【水平】设置为【左对齐】，将【垂直】设置为【顶端】，将【高】设置为160，如图4-31所示。

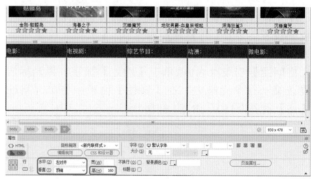

图4-31

Step 31 在单元格中输入文字，并根据前面所介绍的方法将第三行的5列单元格进行合并，将【背景颜色】设置为#2A2A2A，将【高】设置为180，并输入相应的文字，对文字进行设置，如图4-32所示。

图4-32

实例 **072** 游戏网页设计

- 素材：素材\Cha04\游戏网页设计
- 场景：场景\Cha04\实例072 游戏网页设计.html

　　网络游戏让人类的生活更加丰富，合理、适度的游戏允许人类在模拟环境下挑战和克服障碍，可以帮助人类开发智力，锻炼思维和反应能力，训练技能，培养规则意识等，大型网络游戏还可以培养战略战术意识和团队精神。本例将介绍网络游戏网页的制作过程，效果如图4-33所示。

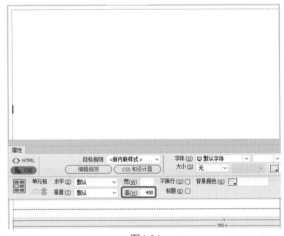

图4-33

Step 01 启动软件后，新建一个HTML文档，然后按Ctrl+Alt+T组合键，在弹出的Table对话框中，将【行数】设置为2、【列】设置为1，将【表格宽度】设置为990像素，将【边框粗细】、【单元格边距】和【单元格间距】均设置为0，单击【确定】按钮。将光标放置在第一行单元格中，在【属性】面板中将单元格的【高】设置为450，如图4-34所示。

图4-34

Step 02 单击【拆分】按钮，将光标置入如图4-35所示的代码行中。

Step 03 按空格键，在弹出的列表中选择background选项，如图4-36所示。

图4-35

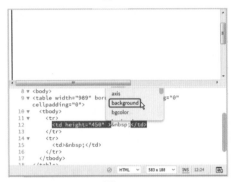

图4-36

Step 04 在弹出的列表中选择【浏览】选项，如图4-37所示。

图4-37

Step 05 在弹出的对话框中选择【素材\Cha04\游戏网页设计\游戏.jpg】素材文件，如图4-38所示。

图4-38

Step 06 单击【确定】按钮，然后单击【设计】按钮，即可查看插入的背景图像效果，如图4-39所示。

图4-39

Step 07 在菜单栏中选择【插入】|Div命令，在弹出的【插入Div】对话框中，将ID设置为div01，如图4-40所示。

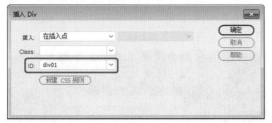

图4-40

Step 08 单击【新建CSS规则】按钮，在弹出的【新建CSS规则】对话框中，使用默认参数，如图4-41所示。

图4-41

Step 09 单击【确定】按钮，在弹出对话框的【分类】列表框中选择【定位】选项，然后将Position设置为absolute、Width设置为990px、Height设置为195px，将Placement组中的Top设置为54px，如图4-42所示。

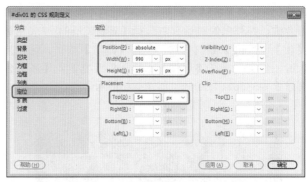

图4-42

Step 10 单击【确定】按钮，返回到【插入Div】对话框，然后单击【确定】按钮，在表格的第一行中插入Div，如图4-43所示。

图4-43

Step 11 将div01中的文字删除，然后在菜单栏中选择【插入】|【表格】命令，弹出Table对话框，将【行数】设置为1、【列】设置为3，将【表格宽度】设置为100百分比，单击【确定】按钮。将新插入表格第一列的【宽】设置为245，将第二列单元格的【宽】设置为535，将【水平】设置为【居中对齐】，如图4-44所示。

图4-44

Step 12 继续将光标插入到第二列单元格中，按Ctrl+Alt+I组合键，在弹出的对话框中选择【素材\Cha04\游戏网页设计\标题.png】素材文件，单击【确定】按钮。选中插入的图像文件，在【属性】面板中将【宽】、【高】分别设置为535px、180px，如图4-45所示。

图4-45

Step 13 在背景图像上单击，在菜单栏中选择【插入】|Div命令，在弹出的对话框中将ID设置为div02，单击【新建CSS规则】按钮，单击【确定】按钮，在弹出的对话框中选择【分类】列表框中的【定位】选项，然后将Position设置为absolute、Width设置为990px、Height设置为204px，将Placement组中的Top设置为255px，如图4-46所示。

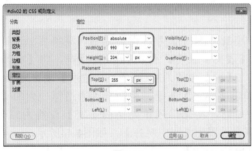

图4-46

Step 14 设置完成后，单击两次【确定】按钮，执行该操作后，即可插入Div。将Div中的文字删除，在新建的Div中插入一个1行5列的表格，在【属性】面板中，将各个单元格的【宽】分别设置为340、309、14、296、30，如图4-47所示。

图4-47

Step 15 将光标插入到第二列表格中，单击【拆分】按钮，在<td>标记中输入添加背景图的代码，添加【素材\Cha04\游戏网页设计\透明矩形.png】素材文件，然后在【属性】面板中，将【高】设置为196，【水平】设置为【左对齐】，【垂直】设置为【顶端】，如图4-48所示。

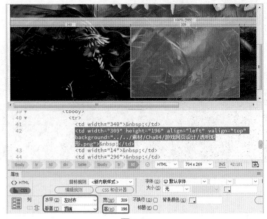

图4-48

Step 16 单击【设计】按钮，继续将光标置入第二列单元格中，按Ctrl+Alt+T组合键，弹出Table对话框，插入一个7行1列，以及【单元格间距】为2的表格，如图4-49所示。

图4-49

Step 17 将光标置于第一行单元格中，右击，在弹出的快捷菜单中选择【表格】|【拆分单元格】命令，如图4-50所示。

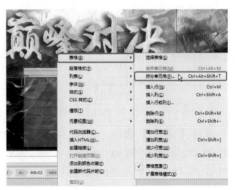

图4-50

Dreamweaver 网页设计与制作 完全实训手册

Step 18 在弹出的对话框中选中【列】单选按钮,将【列数】设置为2,单击【确定】按钮,将第一行拆分为两列。将光标置于拆分后的左侧第一列单元格中,在【属性】面板中将【宽】、【高】均设置为55px,将【水平】设置为【居中对齐】,然后插入【素材\Cha04\游戏网页设计\01.png】素材文件,并将其【宽】、【高】分别设置为33px、40px,如图4-51所示。

图4-51

Step 19 将光标置于拆分后的右侧第二列单元格中,输入文本,选中输入的文本,在【属性】面板中,将【字体】设置为【方正隶书简体】、【大小】设置为22,将文字颜色设置为白色,如图4-52所示。

图4-52

Step 20 选中输入的文本,右击,在弹出的快捷菜单中选择【样式】|【下划线】命令,如图4-53所示。

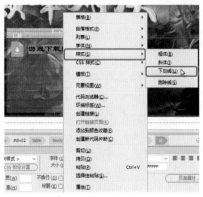

图4-53

Step 21 选中剩余的6行单元格,将【水平】设置为【居中对齐】,将【高】设置为20,如图4-54所示。

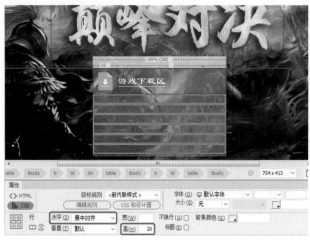

图4-54

Step 22 输入文本,在文档中右击,在弹出的快捷菜单中选择【CSS样式】|【新建】命令,如图4-55所示。

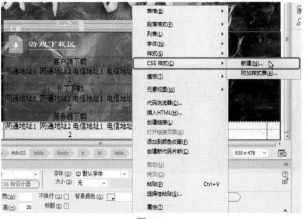

图4-55

Step 23 在弹出的【新建CSS规则】对话框中,将【选择器名称】设置为t1,单击【确定】按钮。在弹出的对话框中将Font-family设置为【宋体】,Font-size设置为12px,Color设置为#FFF,如图4-56所示。

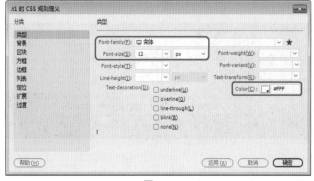

图4-56

Step 24 单击【确定】按钮，选中输入的文本，在【属性】面板中，将【目标规则】设置为.t1，如图4-57所示。

图4-57

◎提示·○

若单元格的宽度、高度有变化，可以在单元格的边框上单击，此时，表格会自动回到初始尺寸。

Step 25 使用相同的方法制作其他内容，并进行相应的设置，如图4-58所示。

图4-58

Step 26 将光标插入到最后一行单元格中，将【水平】设置为【居中对齐】，将【高】设置为130，将【背景颜色】设置为#000000，然后输入文字，并将其样式应用于t1，如图4-59所示。制作完成后，按F12键预览效果即可。

图4-59

Dreamweaver 网页设计与制作 完全实训手册

实例 **073** 篮球网页设计

● 素材：素材\Cha04\篮球网页设计
● 场景：场景\Cha04\实例073 篮球网页设计.html

随着篮球运动的普及，新兴了很多篮球网站，本例介绍如何制作篮球网页，效果如图4-60所示。

图4-60

Step 01 启动软件后，新建一个HTML文档，然后单击【页面属性】按钮，在弹出的【页面属性】对话框中将【左边距】、【右边距】、【上边距】和【下边距】都设置为0，如图4-61所示。

图4-61

Step 02 单击【确定】按钮，切换到【代码】视图，在如图4-62所示的位置输入代码。

```
1   <!doctype html>
2 ▼ <html>
3 ▼ <head>
4   <meta charset="utf-8">
5   <title>无标题文档</title>
6 ▼ <style type="text/css">
7 ▼ body {
8       margin-left: 0px;
9       margin-top: 0px;
10      margin-right: 0px;
11      margin-bottom: 0px;
12  }
13 ▼ img{
14      display:block;
15  }
16  </style>
17  </head>
18
19  <body>
20  </body>
21  </html>
22
```

图4-62

Step 03 单击【设计】按钮，按Ctrl+Alt+T组合键，在弹出的Table对话框中将【行数】、【列】都设置为1，将【表格宽度】设置为1000像素，将【边框粗细】、【单元格边距】和【单元格间距】均设置为0，单击【确定】按钮。在【属性】面板中将第一行单元格的【高】设置为96，【背景颜色】设置为#212529，如图4-63所示。

图4-63

Step 04 将光标插入到第一行单元格中，按Ctrl+Alt+I组合键，在弹出的对话框中选择【素材\Cha04\篮球网页设计\标题.png】素材文件，单击【确定】按钮，插入素材图片。在【属性】面板中将【宽】、【高】分别设置为195px、60px，效果如图4-64所示。

图4-64

Step 05 将光标置于第一个表格右侧，在文档下方的空白位置处单击，在第一个表格的下方插入一个1行10列的表格，将表格宽度设置为1000像素，如图4-65所示。

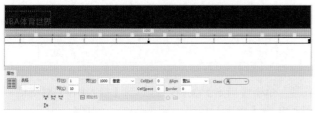

图4-65

Step 06 选中前9列单元格，在【属性】面板中，将【宽】设置为72，【高】设置为37，如图4-66所示。

图4-66

Step 07 将所有单元格的【水平】设置为【居中对齐】，【背景颜色】设置为#2587d4，如图4-67所示。

图4-67

Step 08 在单元格中输入文字，在【属性】面板中将【字体】设置为【微软雅黑】，将【大小】设置为14px，将字体颜色设置为#FFF，如图4-68所示。

图4-68

Step 09 将光标插入到第十列单元格中，在菜单栏中选择【插入】|【表单】|【表单】命令，如图4-69所示。

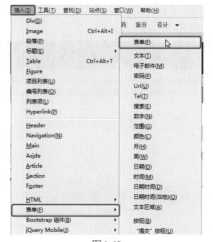

图4-69

Step 10 执行该操作后，即可在第十列单元格中插入表单，效果如图4-70所示。

图4-70

Step 11 将光标插入到表单中，在菜单栏中选择【插入】|【表单】|【文本】命令，插入文本表单后，将文本框左侧的文字删除，然后选中文本框，在【属性】面板中将Value设置为【请输入关键字】，如图4-71所示。

图4-71

Step 12 将光标插入到文本框的右侧，然后在菜单栏中选择【插入】|【表单】|【按钮】命令，执行该操作后，即可插入按钮，在【属性】面板中将Value设置为【搜索】，如图4-72所示。

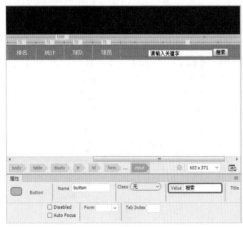

图4-72

Step 13 参照前面的操作方法，在1行10列的表格下方插入一个1行1列的表格，在【属性】面板中将单元格的【高】设置为23，【背景颜色】设置为#c7c7c7。然后输入【我的NBA】，将【字体】设置为【微软雅黑】，【大小】设置为16px，字体颜色设置为白色，如图4-73所示。

图4-73

Step 14 单击文档下方的空白处，在菜单栏中选择【插入】|Div命令，在弹出的【插入Div】对话框中，将ID设置为div01，如图4-74所示。

图4-74

Step 15 单击【新建CSS规则】按钮，在弹出的【新建CSS规则】对话框中，使用默认参数，单击【确定】按钮，在弹出的对话框中选择【分类】列表框中的【定位】选项，然后将Position设置为absolute，Width设置为300px，Height设置为27px，将Placement组中的Top设置为8px，Left设置为609px，如图4-75所示。

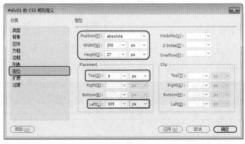

图4-75

Step 16 单击【确定】按钮，返回到【插入Div】对话框，然后单击【确定】按钮，插入div01，如图4-76所示。

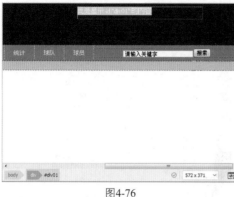

图4-76

Step 17 将div01中的文字删除，插入一个1行 4列、表格宽
度为100%的表格，将单元格的【水平】设置为【居中
对齐】，【宽】设置为75，【高】设置为28，如图4-77
所示。

图4-77

Step 18 输入文字，在【属性】面板将【字体】设置为
【微软雅黑】，【大小】设置为14px，字体颜色设置为
#b3b3b3，如图4-78所示。

图4-78

Step 19 使用相同的方法插入新的Div，将其命名为
div02，【宽】设置为615px，【高】设置为437px，
【上】设置为156px，如图4-79所示。

Step 20 将div02中的文字删除，然后在div02中插入一
个2行1列的表格，将表格宽度设置为100%，如图4-80
所示。

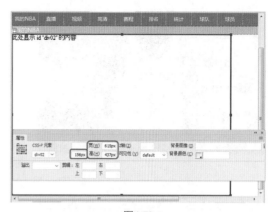

图4-79

图4-80

Step 21 将光标置入第一行单元格中，按Ctrl+Alt+I组合
键，在弹出的对话框中选择【素材\Cha04\篮球网页设
计\图01.jpg】素材文件，单击【确定】按钮，将其插入
至单元格中。选中插入的图像，在【属性】面板中将
【宽】、【高】分别设置为615px、373px，效果如
图4-81所示。

图4-81

Step 22 将光标置于第二行单元格中，将【水平】设置
为【居中对齐】，将【背景颜色】设置为#0061C3，
【高】设置为64。然后输入文字，将【字体】设置为
【微软雅黑】，【大小】设置为30px，字体颜色设置为
白色，如图4-82所示。

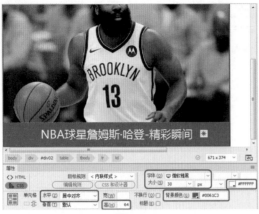

图4-82

Step 23 使用相同的方法插入新的Div，将其命名为div03，【宽】设置为370px，【高】设置为437px，【左】设置为630px，【上】设置为156px，如图4-83所示。

图4-83

Step 24 将div03中的文字删除，插入一个2行1列、表格宽度为100%的表格，如图4-84所示。

图4-84

Step 25 将光标置于新插入的第一行单元格中，右击，在弹出的快捷菜单中选择【表格】|【拆分单元格】命令，如图4-85所示。

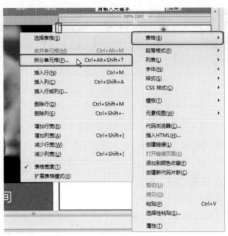

图4-85

Step 26 在弹出的对话框中选中【列】单选按钮，将【列数】设置为4，单击【确定】按钮，并选中第一行的4列单元格，在【属性】面板中将【水平】设置为【居中对齐】，【宽】设置为25%，【高】设置为36，将【背景颜色】设置为#0061C3，如图4-86所示。

图4-86

Step 27 在单元格中输入文字，在【属性】面板中将【字体】设置为【微软雅黑】，【大小】设置为14px，将字体颜色设置为白色，如图4-87所示。

图4-87

Dreamweaver 网页设计与制作 完全实训手册

Step 28 将光标置入第二行单元格中，插入一个5行1列的表格，如图4-88所示。

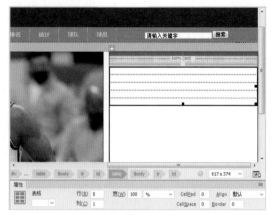

图4-88

Step 29 将光标置于新插入表格的第一行单元格中，在【属性】面板中将【水平】设置为【居中对齐】，【高】设置为36，【背景颜色】设置为黑色，然后输入文字，将【字体】设置为【微软雅黑】，【大小】设置为20px，字体颜色设置为#c8103d，如图4-89所示。

图4-89

Step 30 将第二行单元格拆分成6行2列，选中第一列单元格，将【水平】设置为【居中对齐】，【宽】设置为11%，【高】设置为21，如图4-90所示。

图4-90

◉提示•◦
　　在此将第二行单元格拆分成6行2列时，可以先拆分为6行，然后再将拆分的行逐一拆分为2列。

Step 31 在单元格中分别插入【视频.png】素材图片并输入文字，在【属性】面板中将【字体】设置为【华文细黑】，【大小】设置为14px，并将所有单元格的【背景颜色】设置为#CCCCCC，如图4-91所示。

图4-91

Step 32 使用相同的方法拆分其他单元格并编辑单元格的内容，如图4-92所示。

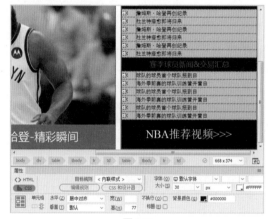

图4-92

Step 33 使用相同的方法插入新的Div，将其命名为div04，【宽】设置为1000px，【高】设置为28px，【左】设置为0px，【上】设置为596px，将【背景颜色】设置为#C7C7C7，如图4-93所示。

Step 34 将div04中的文字删除，然后输入文字，选中输入的文字，在【属性】面板中将【字体】设置为【微软雅黑】，【大小】设置为18px，字体颜色设置为白色，如图4-94所示。

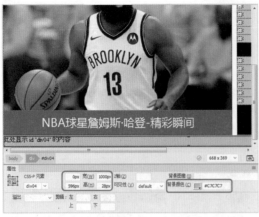

图4-93

图4-94

Step 35 使用相同的方法插入新的Div，将其命名为div05，【宽】设置为1000px，【高】设置为360px，【上】设置为624px，如图4-95所示。

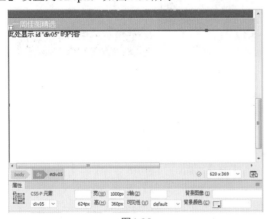

图4-95

Step 36 将div05中的文字删除，按Ctrl+Alt+T组合键，弹出Table对话框，将【行数】设置为2，【列】设置为3，将【表格宽度】设置为1000像素，单击【确定】按钮。选中第一列至第二列的两行单元格，在【属性】面板中将【宽】、【高】分别设置为300、181，如图4-96所示。

图4-96

Step 37 选中第三列的两行单元格，按Ctrl+Alt+M组合键将选中的单元格进行合并，将光标置于合并后的单元格中，在【属性】面板中将【宽】设置为400，如图4-97所示。

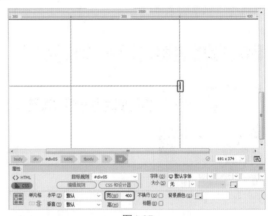

图4-97

Step 38 将光标置于第一行的第一列单元格中，按Ctrl+Alt+I组合键，在弹出的对话框中选择【素材\Cha04\篮球网页设计\精选01.jpg】素材文件，单击【确定】按钮，将其插入单元格中，如图4-98所示。

图4-98

Step 39 参照前面的操作步骤，在各个单元格中插入素材图片，如图4-99所示。

图4-99

Step 40 使用相同的方法插入新的Div，将其命名为div06，【宽】设置为1000px，【高】设置为28px，【上】设置为990px，将【背景颜色】设置为#C7C7C7，然后输入文字，选中输入的文字，在【属性】面板中将【字体】设置为【微软雅黑】，【大小】设置为18px，字体颜色设置为白色，如图4-100所示。

图4-100

Step 41 使用相同的方法插入新的Div，将其命名为div07，【宽】设置为1000px，【高】设置为274px，【上】设置为1018px。将div07中的文字删除，然后插入一个3行10列的表格，如图4-101所示。

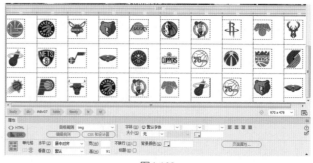

Step 42 选中所有单元格，将【水平】设置为【居中对齐】，【高】设置为91，然后在各个单元格中插入素材图片，如图4-102所示。

Step 43 使用相同的方法插入新的Div，将其命名为div08，【宽】设置为1000px，【高】设置为100px，【上】设置为1293px，将【背景颜色】设置为#363535，然后输入文字，选中输入的文字，在【属性】面板中将【字体】设置为【微软雅黑】，将【大

小】设置为14px，将字体颜色设置为白色，单击【居中对齐】按钮，如图4-103所示。

图4-102

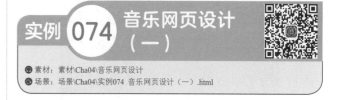

图4-103

实例 074 音乐网页设计（一）

素材：素材\Cha04\音乐网页设计
场景：场景\Cha04\实例074 音乐网页设计（一）.html

本例介绍音乐网页设计（一），主要通过嵌套表格，并对表格进行合并设置，然后插入图像，并为插入的图像添加【交换图像】行为效果来完成，效果如图4-104所示。

图4-104

Step 01 新建一个HTML 4.01 Transitional的文档,在【属性】面板中单击【页面属性】按钮,在弹出的对话框中选择【分类】列表框中的【外观(CSS)】选项,将【文本颜色】设置为#FFFFFF,将【背景颜色】设置为#ff7074,如图4-105所示。

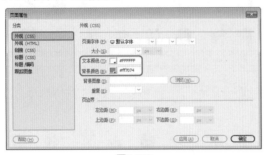

图4-105

Step 02 单击【确定】按钮,按Ctrl+Alt+T组合键,在弹出的对话框中将【行数】、【列】分别设置为7、1,将【表格宽度】设置为937像素,将【边框粗细】、【单元格边距】、【单元格间距】均设置为0,单击【确定】按钮,选中插入的表格,在【属性】面板中将Align设置为【居中对齐】,如图4-106所示。

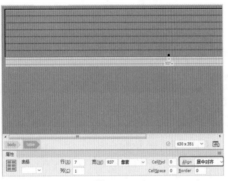

图4-106

Step 03 将光标置于第一行单元格中,在【属性】面板中将【水平】设置为【居中对齐】。按Ctrl+Alt+I组合键,在弹出的对话框中选择【素材\Cha04\音乐网页设计\logo.png】素材文件,单击【确定】按钮,将选中的素材文件插入到单元格中,效果如图4-107所示。

图4-107

Step 04 将光标置于第二行单元格中,插入一个2行 2列、表格宽度为100%、单元格间距为3的表格,如图4-108所示。

图4-108

Step 05 选中新插入表格第一行的两列单元格,按Ctrl+Alt+M组合键,将选中的两列单元格进行合并,将光标置于合并后的单元格中,在【属性】面板中将【背景颜色】设置为#3a3a3a,如图4-109所示。

图4-109

Step 06 将光标置于合并后的单元格中,插入一个1行 7列、表格宽度为673像素、单元格间距为5的表格,如图4-110所示。

图4-110

Step 07 选中新插入表格中的所有单元格,在【属性】面板中将【水平】设置为【居中对齐】,将【高】设置为35,如图4-111所示。

图4-111

Step 08 在各个单元格中输入文字，并将【字体】设置为
【华文中宋】，将【大小】设置为18px，将光标置于
第一列单元格中，将【背景颜色】设置为#FFA4A7，
如图4-112所示。

图4-112

Step 09 选中第二行的两列单元格，在【属性】面板中将
【垂直】设置为【底部】，将【高】设置为50，将【背
景颜色】设置为#FFA4A7，如图4-113所示。

图4-113

Step 10 将第一列单元格的【宽】设置为347，将第二列单
元格的【宽】设置为581，如图4-114所示。

Step 11 将光标置于第一列单元格中，插入一个1行1列、
表格宽度为100像素、单元格间距为0的表格，如图4-115
所示。

图4-114

图4-115

Step 12 将光标置于新插入表格的单元格中，在【CSS设
计器】面板中单击【选择器】左侧的 + 按钮，将其命名
为【.btmd】，单击【布局】按钮，将opacity设置为
0.8，在【属性】面板中为当前单元格设置新建的CSS，
将【水平】设置为【居中对齐】，将【高】设置为35，
将【背景颜色】设置为#606060，如图4-116所示。

图4-116

Step 13 在单元格中输入文字，选中输入的文字，在【属
性】面板中将【字体】设置为【微软雅黑】，将【大小】
设置为18px，将字体粗细设置为bold，如图4-117所示。

图4-117

Step 14 在文档中选择灰色底的表格，按Ctrl+C组合键对其进行复制，将光标置于右侧的第二列单元格中，按Ctrl+V组合键进行粘贴，并修改文字内容，如图4-118所示。

图4-118

Step 15 将光标置于第三行单元格中，插入一个1行2列，表格宽度为937像素，单元格边距、单元格间距均为3的表格，如图4-119所示。

图4-119

Step 16 选中新插入表格的两列单元格，在【属性】面板中将【水平】设置为【居中对齐】，将【垂直】设置为【居中】，将【背景颜色】设置为#FFA4A7，将左侧第一列单元格的【宽】设置为341，将右侧第二列单元格的【宽】设置为575，如图4-120所示。

图4-120

Step 17 将光标置于第一列单元格中，插入一个10行3列、表格宽度为328像素、单元格边距为0、单元格间距为3的表格，如图4-121所示。

图4-121

Step 18 选中第一列的第一行与第二行单元格，按Ctrl+Alt+M组合键将选中的单元格合并，在【属性】面板中将【水平】设置为【居中对齐】，将【宽】设置为106，如图4-122所示。

图4-122

Step 19 将光标置于合并后的单元格中，将【头像.png】素材文件插入至单元格中，并将【宽】、【高】分别设置为80px、81px，如图4-123所示。

Step 20 选中第一行的第二列与第三列单元格，按Ctrl+Alt+M组合键将选中的单元格合并，在【属性】面板中将【水

Dreamweaver 网页设计与制作 完全实训手册

平】设置为【居中对齐】，将【高】设置为65，输入文字，将【字体】设置为【方正隶书简体】，将【大小】设置为24px，如图4-124所示。

图4-123

图4-124

Step 21 选择第二行的第二列与第三列单元格，在【属性】面板中将【水平】设置为【居中对齐】，将【宽】、【高】分别设置为105、35，在单元格中输入文字，将【字体】设置为【微软雅黑】，将【大小】设置为15px，将第二列单元格的【背景颜色】设置为#FF8487，将第三列单元格的【背景颜色】设置为#333333，如图4-125所示。

图4-125

Step 22 选择第三行的3列单元格，按Ctrl+Alt+M组合键将选中的单元格合并，将光标置于合并后的单元格中，

在【属性】面板中将【水平】设置为【居中对齐】，将【高】设置为30，将【背景颜色】设置为#ff7074，如图4-126所示。

图4-126

Step 23 继续将光标置于合并后的单元格中，插入一个1行3列，表格宽度为315像素，单元格边距、单元格间距均为0的表格，如图4-127所示。

图4-127

Step 24 将3列单元格的【宽】分别设置为139、127、49，将【高】均设置为30，并在单元格中输入文字，将【字体】设置为【微软雅黑】，将【大小】设置为15px，如图4-128所示。

图4-128

Step 25 选择第三行的3列单元格，按Ctrl+Alt+M组合键将选中的单元格合并。将光标置于合并后的单元格中，在【属性】面板中将【水平】设置为【居中对齐】，将【高】设置为30，将【背景颜色】设置为#FF8487，如图4-129所示。

图4-129

Step 26 根据前面所介绍的方法制作其他内容，完成后的效果如图4-130所示。

图4-130

Step 27 将光标置于右侧的第二列单元格中，插入一个4行3列、表格宽度为550像素的单元格，如图4-131所示。

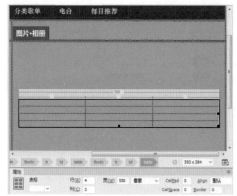

图4-131

Step 28 将第一行3列单元格的【宽】分别设置为183、183、184，将【高】均设置为123，将【水平】设置为【居中对齐】，将【垂直】设置为【底部】，如图4-132所示。

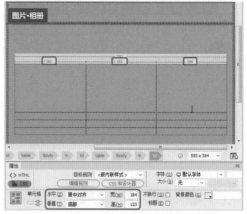

图4-132

Step 29 将光标置于第一行的第一列单元格中，将【01.jpg】素材文件插入至单元格中，选中插入的图片，在【行为】面板中单击【添加行为】按钮 + ，在弹出的下拉列表中选择【交换图像】命令，如图4-133所示。

图4-133

Step 30 在弹出的对话框中单击【浏览】按钮，再在弹出的对话框中选择【01-副本.jpg】素材文件，单击【确定】按钮，然后在返回的【交换图像】对话框中单击【确定】按钮，即可完成添加【交换图像】行为效果，如图4-134所示。

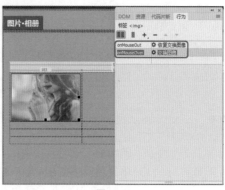

图4-134

Step 31 选择第二行的3列单元格，将【水平】设置为【居中对齐】，将【垂直】设置为【顶端】，将【高】设置为65，如图4-135所示。

图4-135

Step 32 将光标置于第二行的第一列单元格中，插入一个2行3列、表格宽度为100%的单元格，如图4-136所示。

图4-136

Step 33 将新插入表格的单元格【宽】分别设置为7、169、7，将【高】设置为40，如图4-137所示。

图4-137

Step 34 将光标置于第一行的第二列单元格中，输入文字，将【字体】设置为【微软雅黑】，将【大小】设置为12px，将文字颜色设置为#333333，如图4-138所示。

图4-138

Step 35 将光标置于第二行的第二列单元格中，输入文字，将【字体】设置为【微软雅黑】，将【大小】设置为12px，将文字颜色设置为#666666，如图4-139所示。

图4-139

Step 36 根据前面所介绍的方法制作其他内容，并进行相应的设置，完成效果如图4-140所示。

图4-140

Step 37 根据前面所介绍的方法制作【最佳推荐】内容，并插入相应的图像，如图4-141所示。

图4-141

Step 38 在文档中选择新插入的【最佳推荐.jpg】素材文件，在【行为】面板中单击【添加行为】按钮，在弹出的下拉列表中选择【弹出信息】命令，如图4-142所示。

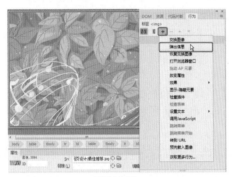

图4-142

Step 39 在【弹出信息】对话框的【消息】文本框中输入【正在努力加载中……】，如图4-143所示。

图4-143

Step 40 设置完成后，单击【确定】按钮，将光标置于第六行单元格中，将【高】设置为25，如图4-144所示。

图4-144

Step 41 将光标置于第七行单元格中，将【水平】设置为【居中对齐】，将【垂直】设置为【顶端】，输入文字，如图4-145所示。

图4-145

实例 **075** 音乐网页设计（二）

⊕ 素材：素材\Cha04\音乐网页设计
⊕ 场景：场景\Cha04\实例075 音乐网页设计（二）.html

　　本实例介绍音乐网页设计（二），主要步骤为对音乐网页设计（一）文档进行另存，并删除多余内容，然后插入HTML5 Video视频，效果如图4-146所示。

图4-146

Step 01 打开上一实例所制作的场景文件，在菜单栏中选择【文件】|【另存为】命令，在弹出的对话框中指定保存位置，将【文件名】重新命名为【实例075 音乐网页设计（二）.html】，如图4-147所示。

图4-147

Step 02 单击【保存】按钮,在【属性】面板中单击【页面属性】按钮,在弹出的对话框中选择【分类】列表框中的【链接（CSS）】选项,将【链接颜色】、【已访问链接】均设置为#FFFFFF,将【下划线样式】设置为【始终无下划线】,如图4-148所示。

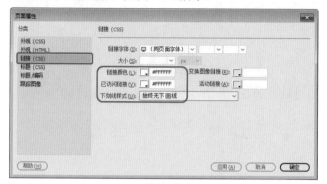

图4-148

Step 03 单击【确定】按钮,在文档中删除多余的内容,并修改文字内容,如图4-149所示。

图4-149

Step 04 选择【首页】文字,在【属性】面板中单击HTML按钮,单击【链接】右侧的【浏览文件】按钮,在弹出的对话框中选择【场景\Cha04\实例074 音乐网页设计（一）.html】文件,单击【确定】按钮,如图4-150所示。

图4-150

Step 05 将光标置于【音乐畅听】下方的单元格中,在菜单栏中选择【插入】| HTML | HTML5 Video 命令,如图4-151所示。

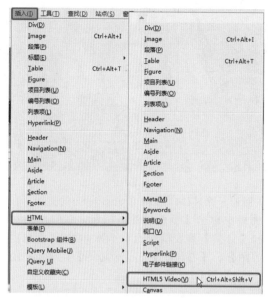

图4-151

Step 06 选中插入的Video图标,在【属性】面板中选中Controls与AutoPlay复选框,将W、H分别设置为922像素、516像素,单击【源】右侧的【浏览】按钮,在弹出的对话框中选择【素材\Cha04\音乐网页设计\音乐播放01.mp4】素材文件,单击【确定】按钮,如图4-152所示。

图4-152

Step 07 设置完成后,按Ctrl+S组合键对完成后的场景进行保存。

实例 **076** 音乐网页设计（三）

● 素材:素材\Cha04\音乐网页设计
● 场景:场景\Cha04\实例076 音乐网页设计（三）.html

本例介绍音乐网页设计（三）,主要通过插入图像文件,并为图像添加矩形热点,且为热点添加【打开浏览器窗口】行为效果来完成,如图4-153所示。

图4-153

Step 01 新建一个HTML 4.01 Transitional的文档，在【属性】面板中单击【页面属性】按钮，在弹出的对话框中选择【分类】列表框中的【外观（CSS）】选项，将【左边距】、【右边距】、【上边距】、【下边距】均设置为0，如图4-154所示。

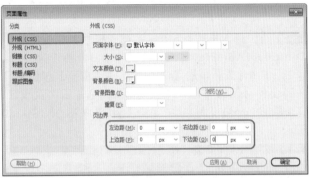

图4-154

Step 02 设置完成后，单击【确定】按钮，按Ctrl+Alt+I组合键，在弹出的对话框中选择【素材\Cha04\音乐网页设计\错误.jpg】素材文件，单击【确定】按钮，如图4-155所示。

图4-155

Step 03 选中插入的图像，在【属性】面板中单击【矩形热点工具】按钮▢，在选中的图像上绘制一个矩形热点，如图4-156所示。

Step 04 在【行为】面板中单击【添加行为】按钮＋，在弹出的下拉列表中选择【打开浏览器窗口】命令，如图4-157所示。

图4-156

图4-157

Step 05 在弹出的【打开浏览器窗口】对话框中单击【要显示的URL】右侧的【浏览】按钮，在弹出的对话框中选择【场景\Cha04\实例074 音乐网页设计（一）.html】场景文件，单击【确定】按钮，在返回的【打开浏览器窗口】对话框中选中【需要时使用滚动条】、【调整大小手柄】复选框，如图4-158所示。

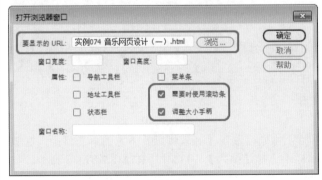

图4-158

Step 06 单击【确定】按钮，在【行为】面板中将【事件】设置为onMouseDown，如图4-159所示。

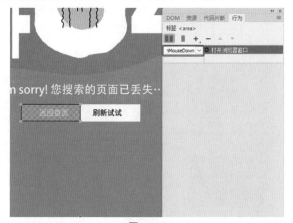

图4-159

Step 07 选中绘制的矩形热点，单击【拆分】按钮，在如图4-160所示位置输入"alt="#""。

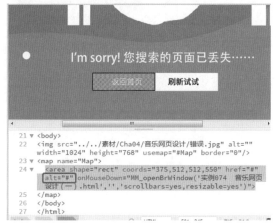

图4-160

Step 08 将当前文档进行保存，并将文件名设置为【实例076 音乐网页设计（三）.html】，单击【设计】按钮，然后在【属性】面板中单击【矩形热点工具】按钮，在选中的图像上绘制一个矩形热点，在【行为】面板中单击【添加行为】按钮 +，在弹出的下拉列表中选择【打开浏览器窗口】命令，如图4-161所示。

图4-161

Step 09 在弹出的【打开浏览器窗口】对话框中单击【要显示的URL】右侧的【浏览】按钮，在弹出的对话框中选择【场景\Cha04\实例076 音乐网页设计（三）.html】场景文件，单击【确定】按钮，在返回的【打开浏览器窗口】对话框中选中【需要时使用滚动条】、【调整大小手柄】复选框，如图4-162所示。

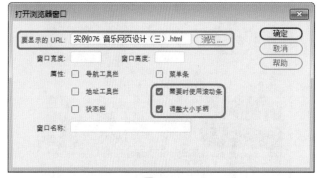

图4-162

Step 10 单击【确定】按钮，在【行为】面板中将【事件】设置为onMouseDown，如图4-163所示。

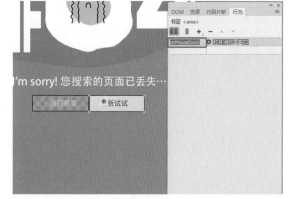

图4-163

Step 11 单击【拆分】按钮，在如图4-164所示位置输入"alt="#""。

图4-164

Step 12 打开【场景\Cha04\实例074 音乐网页设计（一）.html】场景文件，在文档中选择如图4-165所示的图像，在【属性】面板中单击【链接】右侧的【浏览文件】按钮，在弹出的对话框中选择【场景\Cha04\实例075 音乐网页设计（二）.html】场景文件，单击【确定】按钮，完成链接。

Step 13 在文档中选择如图4-166所示的图像，在【属性】面板中单击【链接】右侧的【浏览文件】按钮，在弹出的对话框中选择【场景\Cha04\实例076 音乐网页设计（三）.html】场景文件，单击【确定】按钮，完成链接。

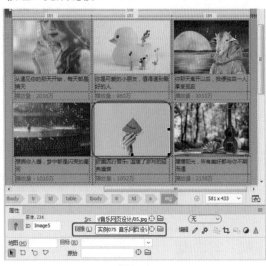

图4-165

图4-166

Step 14 对完成后的场景进行保存即可。

第**5**章 商业经济类网页设计

 **本章导读**...

在网络飞速发展的新时代，企业可以通过网站全面展示自己的企业产品或企业文化，亦可以通过网站寻求合资与合作。本章将介绍商业经济类网页设计，通过本章的学习，可以使读者在设计网站时有更加清晰的思路，更加明确的目标，设计出更好的网页。

实例 **077** 酒店预订网页设计

● 素材：素材\Cha05\酒店预订网页设计
● 场景：场景\Cha05\实例077 酒店预订网页设计.html

本实例将介绍如何制作酒店预订网页，主要利用表格制作网页框架，并插入【单选按钮组】以及【文本】等表单，然后再插入jQuery UI插件来完成，效果如图5-1所示。

图5-1

Step 01 新建一个HTML5文档，插入一个5行1列、表格宽度为970像素、单元格间距为2的表格，如图5-2所示。

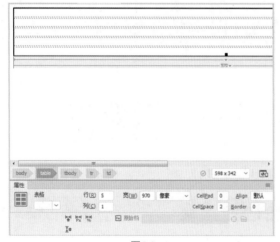

图5-2

Step 02 将光标置于第一行单元格中，插入一个1行7列、表格宽度为970像素、单元格间距为0的表格，如图5-3所示。

Step 03 对新插入表格的单元格宽度进行设置，并将单元格的【水平】设置为【居中对齐】，效果如图5-4所示。

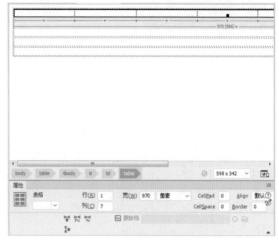

图5-3

图5-4

Step 04 在单元格中输入文字，选中输入的文字，右击，在弹出的快捷菜单中选择【CSS样式】|【新建】命令，如图5-5所示。

图5-5

Step 05 在弹出的【新建CSS规则】对话框中将【选择器名称】设置为wz1，单击【确定】按钮，再在弹出的对话框中将Font-size设置为12px，如图5-6所示。

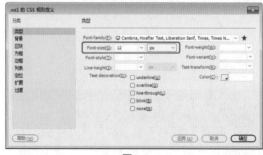

图5-6

Step 06 设置完成后，单击【确定】按钮，为输入的文字应用新建的CSS样式，效果如图5-7所示。

图5-7

Step 07 将光标置于第二行单元格中，在【属性】面板中将【水平】设置为【居中对齐】，将【高】设置为46，将【背景颜色】设置为#1F1F1F，如图5-8所示。

图5-8

Step 08 插入一个1行10列、表格宽度为950像素、单元格间距为0的表格，并设置单元格的宽度，如图5-9所示。

图5-9

Step 09 将光标置于新插入单元格的第二列单元格中，在【CSS设计器】面板中单击【选择器】左侧的 ✚ 按钮，并将名称设置为.ge01，在【属性】选项卡中单击【边框】按钮▣，单击【右侧】按钮▣，将width设置为thin，将style设置为solid，将color设置为#FFFFFF，如图5-10所示。

Step 10 依次为第二列至第八列单元格应用新建的CSS样式，如图5-11所示。

Step 11 选中第二列至第九列的单元格，在【属性】面板中将【水平】设置为【居中对齐】，将【高】设置为30，如图5-12所示。

图5-10

图5-11

图5-12

Step 12 在【CSS设计器】面板中单击【选择器】左侧的 ✚ 按钮，并将名称设置为.wz2，在【属性】选项卡中单击【文本】按钮▣，将color设置为#FFFFFF，将font-weight设置为bold，将font-size设置为15px，将letter-spacing设置为3px，如图5-13所示。

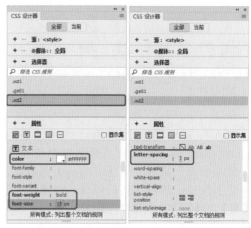

图5-13

Step 13 在各个单元格中输入文字，并为输入的文字应用新建的CSS样式，如图5-14所示。

图5-14

Step 14 将光标置于第三行单元格中，插入一个2行2列、表格宽度为970像素的表格，如图5-15所示。

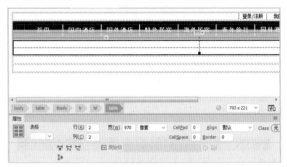

图5-15

Step 15 将光标置于第一行的第一列单元格中，将【宽】设置为710，如图5-16所示。将光标置于第一行的第二列单元格中，将【宽】设置为260。

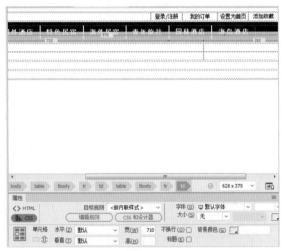

图5-16

Step 16 将光标置于第一行的第一列单元格中，按Ctrl+Alt+I组合键，在弹出的对话框中选择【素材\Cha05\酒店预订网页设计\素材01.jpg】素材文件，单击【确定】按钮。选中插入的图像，在【属性】面板中将【宽】、【高】分别设置为710px、357px，如图5-17所示。

图5-17

Step 17 将光标置于第一行的第二列单元格中，在【属性】面板中将【高】设置为360，将【背景颜色】设置为#dce0e2，如图5-18所示。

图5-18

Step 18 在第一行的第二列单元格中，插入一个8行2列、表格宽度为260像素的表格，并将第一列单元格的【宽】设置为110像素，将第二列单元格的【宽】设置为150像素，如图5-19所示。

图5-19

Step 19 将光标置于第一行的第一列单元格中，输入文字，在【属性】面板中将【水平】设置为【居中对齐】，将【高】设置为40，如图5-20所示。

图5-20

Step 20 在【CSS设计器】面板中单击【选择器】左侧的 **+** 按钮，并将名称设置为.wz3，在【属性】选项卡中单击【文本】按钮，将color设置为#e60012，将font-family设置为【微软雅黑】，将font-size设置为15px，然后单击【边框】按钮和【底部】按钮，将width设置为2px，将style设置为solid，将color设置为#e60012，如图5-21所示。

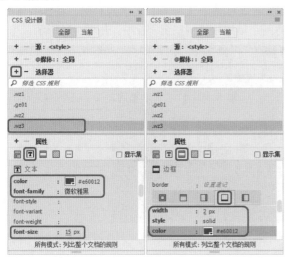

图5-21

Step 21 选中输入的文字，在【属性】面板中为选中的文字应用新建的CSS样式，如图5-22所示。

Step 22 在【CSS设计器】面板中选择.wz3，右击，在弹出的快捷菜单中选择【直接复制】命令，如图5-23所示。

图5-22

图5-23

Step 23 将复制的CSS重命名为.wz4，在【属性】选项卡中将【文本】下的color设置为#666666，将【边框】的color设置为#e6e9ed，如图5-24所示。

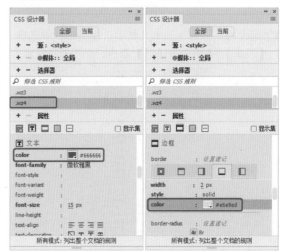

图5-24

Step 24 在第一行的第二列单元格中输入文字，并为其应用新建的CSS样式，如图5-25所示。

图5-25

Step 25 选中第二行的两列单元格，按Ctrl+Alt+M组合键，将其合并。将光标置于合并后的单元格中，在【属性】面板中将【高】设置为45，如图5-26所示。按Ctrl+Shift+空格键，输入3个空格。

图5-26

Step 26 继续将光标置于该单元格中，在菜单栏中选择【插入】|【表单】|【单选按钮组】命令，如图5-27所示。

图5-27

Step 27 在弹出的【单选按钮组】对话框中修改标签名称，如图5-28所示。

图5-28

Step 28 设置完成后，单击【确定】按钮，在状态栏中单击p标签，右击，在弹出的快捷菜单中选择【删除标签】命令，如图5-29所示。

图5-29

Step 29 将光标置于【普通】文字的右侧，按Delete键即可将两个单选按钮调整至一行中，如图5-30所示。

图5-30

Step 30 在【CSS设计器】面板中单击【选择器】左侧的 + 按钮，并将名称设置为.wz5，在【属性】选项卡中单击【文本】按钮 T ，将color设置为#666666，将font-family设置为【微软雅黑】，将font-size设置为15px，并为【普通】、【VIP】应用新建的CSS样式，如图5-31所示。

图5-31

Step 31 选中第三行至第六行的第一列单元格,将【水平】设置为【居中对齐】,将【高】设置为45,在各个单元格中输入文字,并为其应用.wz5,如图5-32所示。

图5-32

Step 32 将光标置于第三行的第二列单元格中,在菜单栏中选择【插入】|【表单】|【文本】命令,选中文本框,在【属性】面板中将Class设置为wz5,将Size设置为15,如图5-33所示。

图5-33

Step 33 选中设置后的文本框,按Ctrl+C组合键,将光标置于第四行的第二列单元格中,按Ctrl+V组合键,对文本框进行复制,如图5-34所示。

图5-34

Step 34 将光标置于第五行的第二列单元格中,在菜单栏中选择【插入】|jQuery UI|Datepicker 命令,如图5-35所示。

图5-35

Step 35 选中插入的Datepicker,单击【拆分】按钮,在如图5-36所示的位置输入 "class="wz5" size="15"" 代码内容。

图5-36

Step 36 单击【设计】按钮，在文档中对Datepicker进行复制，如图5-37所示。

图5-37

Step 37 将光标置于第七行的第二列单元格中，插入一个1行3列、表格宽度为100%的表格，将第一列单元格的【宽】设置为59%，将第二列单元格的【宽】设置为34%，将第二列单元格的【水平】设置为【居中对齐】，将【背景颜色】设置为#ffae04，如图5-38所示。

图5-38

Step 38 在单元格中输入文字，在【CSS设计器】面板中单击【选择器】左侧的 + 按钮，并将名称设置为.wz6，在【属性】选项卡中单击【文本】按钮 T，将color设置为#FFFFFF，将font-weight设置为bold，将 font-size 设置为15px，将text-align设置为【居中对齐】，将letter-spacing设置为5px，并为输入的文字应用新建的CSS样式，如图5-39所示。

Step 39 选中第八行的两列单元格，按Ctrl+Alt+M组合键，将选中的单元格合并，将光标置于合并后的单元格中，在【属性】面板中将【水平】设置为【居中对齐】，将【垂直】设置为【底部】，将【高】设置为

55，如图5-40所示。

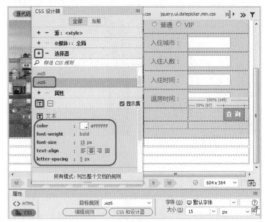

图5-39

图5-40

Step 40 插入一个1行4列、表格宽度为254像素、单元格间距为2的表格，如图5-41所示。

图5-41

Step 41 选中新插入表格的4列单元格，在【属性】面板中将【水平】设置为【居中对齐】，将【高】设置为46，将【背景颜色】设置为#999999，如图5-42所示。

图5-42

Step 42 在4列单元格中输入文字，在【CSS设计器】面板中单击【选择器】左侧的 **+** 按钮，并将名称设置为.wz7，在【属性】选项卡中单击【文本】按钮🔲，将color设置为#FFFFFF，将font-family设置为【微软雅黑】，并为输入的文字应用新建的CSS样式，如图5-43所示。

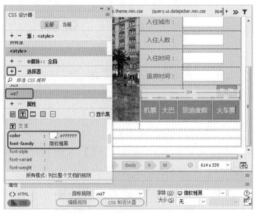

图5-43

Step 43 在文档中选择如图5-44所示的两列单元格。

图5-44

Step 44 按Ctrl+Alt+M组合键，将选中的单元格合并，将光标置于合并后的单元格中，将【素材02.jpg】素材文件插入至当前单元格中，在【属性】面板中将【宽】、【高】分别设置为970px、142px，如图5-45所示。

图5-45

Step 45 将光标置入第四行单元格中，在【CSS设计器】面板中单击【选择器】左侧的 **+** 按钮，将名称设置为.bk，在【属性】选项卡中单击【边框】按钮🔲，单击【所有边】按钮🔲，将width设置为thin，将style设置为solid，将color设置为#CCC，将border-radius均设置为5px，并为第四行单元格应用新建的CSS样式，如图5-46所示。

图5-46

Step 46 在第四行单元格中插入一个2行7列、表格宽度为950像素、单元格间距为2的表格，选中插入的表格，在【属性】面板中将Align设置为【居中对齐】，如图5-47所示。

图5-47

Step 47 根据前面所介绍的方法，在新插入的表格中输入文字内容，并进行相应的设置，如图5-48所示。

图5-48

Step 48 将光标置于第五行单元格中，将【背景颜色】设置为#EBEBEB，在单元格中输入文字并进行设置，如图5-49所示。

图5-49

实例 **078** 速达快递网页设计

● 素材：素材\Cha05\速达快递网页设计
● 场景：场景\Cha05\实例078 速达快递网页设计.html

本例将介绍如何制作速达快递网页，主要通过插入表格，制作网页主体框架，然后再插入相应的图像并输入文字，最后为插入的图像添加【交换图像】行为效果来完成，效果如图5-50所示。

Step 01 新建一个HTML5文档，插入一个11行1列，表格宽度为970像素，边框粗细、单元格边距、单元格间距均为0的表格。选中插入的表格，在【属性】面板中将Align设置为【居中对齐】，如图5-51所示。

图5-50

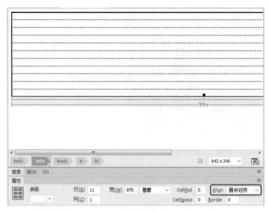

图5-51

Step 02 将光标置于第一行单元格中，右击，在弹出的快捷菜单中选择【表格】|【拆分单元格】命令，如图5-52所示。

图5-52

Step 03 在弹出的对话框中选中【列】单选按钮，将【列数】设置为3，如图5-53所示。

图5-53

Step 04 设置完成后，单击【确定】按钮。选中第一行的3列单元格，在【属性】面板中将【水平】设置为【居中对齐】，将【高】设置为80，如图5-54所示。

图5-54

Step 05 将光标置于第一行的第一列单元格中，按Ctrl+Alt+I组合键，在弹出的对话框中选择【素材\Cha05\速达快递网页设计\logo.png】素材文件，单击【确定】按钮。选中插入的图像，在【属性】面板中将【宽】、【高】分别设置为200px、50px，如图5-55所示。

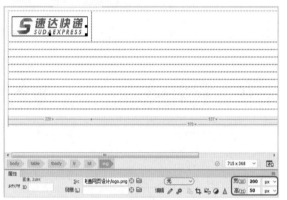

图5-55

Step 06 将光标置于第一行的第二列单元格中，插入一个1行7列、表格宽度为637像素的表格，如图5-56所示。

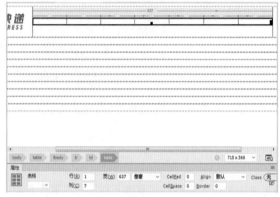

图5-56

Step 07 选中新插入表格的所有单元格，在【属性】面板中将【水平】设置为【居中对齐】，将【垂直】设置为【居中】，将【高】设置为45，如图5-57所示。

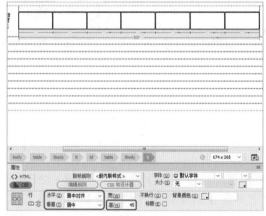

图5-57

Step 08 在【CSS设计器】面板中单击【源：<style>】左侧的 **+** 按钮，在弹出的下拉列表中选择【在页面中定义】命令，如图5-58所示。

图5-58

Step 09 单击【拆分】按钮，在如图5-59所示的位置输入代码内容。

图5-59

Step 10 单击【设计】按钮，在第一行的第一列单元格中输入文字，在【CSS设计器】面板中单击【选择器】左侧的 **+** 按钮，将名称设置为.w1，在【属性】选项卡中单击【文本】按钮，将color设置为#1E6FAF，将font-family设置为【汉标中黑体】，将font-size设置为16px，并为输入的文字应用新建的CSS样式，如图5-60所示。

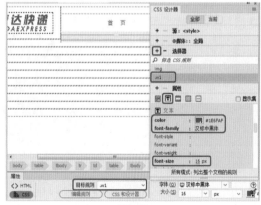

图5-60

Step 11 在其他单元格中输入文字内容，在【CSS设计器】面板中单击【选择器】左侧的＋按钮，将名称设置为.w2，在【属性】选项卡中单击【文本】按钮🖫，将color设置为#121212，将font-family设置为【汉标中黑体】，将font-size设置为16px，将letter-spacing设置为2px，并为输入的文字内容应用新建的CSS样式，如图5-61所示。

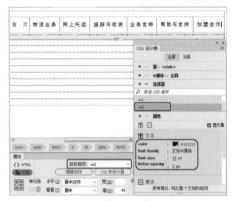

图5-61

Step 12 将光标置于如图5-62所示的单元格中，在当前单元格中插入【热线.png】素材文件，并在【属性】面板中将【宽】、【高】分别设置为113px、42px。

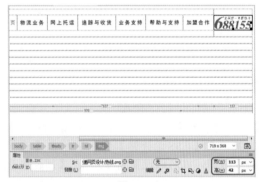

图5-62

Step 13 将光标置于第二行单元格中，在当前单元格中插入【banner.jpg】素材文件，在【属性】面板中将【宽】、【高】分别设置为970px、280px，如图5-63所示。

图5-63

Step 14 将光标置于第三行单元格中，在【属性】面板中将【垂直】设置为【居中】，将【高】设置为80，将【背景颜色】设置为#2c4361，如图5-64所示。

图5-64

Step 15 在第三行单元格中插入一个1行12列的表格，表格宽度设置为970像素，如图5-65所示。

图5-65

Step 16 选中先插入表格的所有单元格，在【属性】面板中将【高】设置为48，并设置相应的单元格宽度，如图5-66所示。

图5-66

Step 17 在单元格中插入相应的素材图像，并将【宽】、【高】均设置为40px，如图5-67所示。

Step 18 在单元格中输入文字内容，在【CSS设计器】面板中单击【选择器】左侧的＋按钮，将名称设置为.w3，在【属性】选项卡中单击【文本】按钮🖫，将color设置为#FFFFFF，将font-family设置为【汉标中黑体】，将font-size设置为16px，将letter-spacing设置为2px，并为输入的文字内容应用新建的CSS样式，如图5-68所示。

图5-67

图5-68

Step 19 将光标置于第四行单元格中，在【属性】面板中将【垂直】设置为【底部】，将【高】设置为65，输入文字，在【CSS设计器】面板中单击【选择器】左侧的 + 按钮，将名称设置为.w4，在【属性】选项卡中单击【文本】按钮▣，将color设置为#121212，将font-family设置为【汉标中黑体】，将font-weight设置为bold，将font-size设置为23px，单击text-align右侧的▤按钮，将letter-spacing设置为5px，并为输入的文字内容应用新建的CSS样式，如图5-69所示。

图5-69

Step 20 将光标置于第五行单元格中，在【属性】面板中将【高】设置为45，输入文字，在【CSS设计器】面板中单击【选择器】左侧的 + 按钮，将名称设置为.w5，在【属性】选项卡中单击【文本】按钮▣，将color设置

为#545454，将font-family设置为【汉标中黑体】，将font-size设置为14px，单击text-align右侧的▤按钮，将letter-spacing设置为2px，并为输入的文字内容应用新建的CSS样式，如图5-70所示。

图5-70

Step 21 将光标置于第六个单元格中，在【属性】面板中将【垂直】设置为【顶端】，将【高】设置为280，如图5-71所示。

图5-71

Step 22 在第六行单元格中插入一个1行9列、表格宽度为970像素的表格，如图5-72所示。

图5-72

Step 23 选中新插入表格的所有单元格，在【属性】面板中将【高】设置为239，并设置每个单元格的宽度，如图5-73所示。

Step 24 将光标置于第一列单元格中，在第一列单元格中插入【zs01.jpg】素材文件，在【属性】面板中将【宽】、【高】分别设置为188px、239px，如图5-74所示。

图5-73

图5-74

Step 25 选中插入的图像，在【行为】面板中单击【添加行为】按钮 **+**，在弹出的下拉列表中选择【交换图像】命令，如图5-75所示。

图5-75

Step 26 在弹出的对话框中单击【浏览】按钮，在弹出的对话框中选择【素材\Cha05\速达快递网页设计\zs01-副本.jpg】素材文件，单击【确定】按钮，返回至【交换图像】对话框中，如图5-76所示。

图5-76

Step 27 单击【确定】按钮，使用同样的方法在其他单元格中插入图像素材文件，并为其添加【交换图像】行为效果，如图5-77所示。

图5-77

Step 28 将光标置于第七行单元格中，输入文字内容，并为其应用.w4的CSS样式，在【属性】面板中将【垂直】设置为【底部】，将【高】设置为60，将【背景颜色】设置为#F4F4F4，如图5-78所示。

图5-78

Step 29 将光标置于第八行单元格中，输入文字内容，并为其应用.w5的CSS样式，在【属性】面板中将【高】设置为80，将【背景颜色】设置为#F4F4F4，如图5-79所示。

图5-79

Step 30 将光标置于第九行单元格中，插入一个3行6列、表格宽度为970像素的表格，如图5-80所示。

图5-80

Step 31 在文档中对各个单元格的宽度进行设置，如图5-81所示。

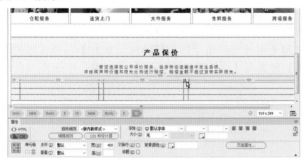

图5-81

Step 32 根据前面所介绍的方法制作其他内容，并进行相应的设置，如图5-82所示。

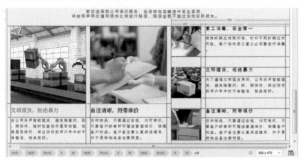

图5-82

Step 33 将光标置于第十行单元格中，在【属性】面板中将【高】设置为300，如图5-83所示。

图5-83

Step 34 在第十行单元格中插入【网宣.jpg】素材文件，如图5-84所示。

图5-84

Step 35 将光标置于第十一行单元格中，在【属性】面板中将【水平】设置为【居中对齐】，将【垂直】设置为【居中】，将【高】设置为70，将【背景颜色】设置为#2c4361，在单元格中输入文字，将【大小】设置为12px，将文本颜色设置为#FFFFFF，如图5-85所示。

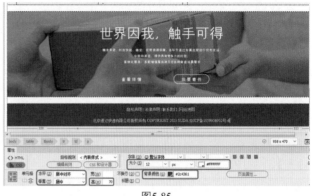

图5-85

实例 079 宏源投资网页设计

● 素材：素材\Cha05\宏源投资网页设计
● 场景：场景\Cha05\实例079 宏源投资网页设计.html

本例介绍如何制作宏源投资网页，首先利用Table对话框对网页进行规划和设计，然后在表格中为各个单元格制作内容，完成后的效果如图5-86所示。

图5-86

Step 01 启动软件后，在打开的界面中选择【新建】列表中的HTML选项，在【属性】面板中单击【页面属性】按钮，弹出【页面属性】对话框，在【分类】列表框中选择【外观（HTML）】选项，将【背景】设置为#E7DBCB，将【左边距】、【上边距】、【边距高度】均设置为0，如图5-87所示。

图5-87

Step 02 单击【确定】按钮，按Ctrl+Alt+T组合键，在弹出的对话框中将【行数】、【列】分别设置为3、1，将【表格宽度】设置为900像素，其他参数均设置为0。选择插入的表格，在【属性】面板中将Align设置为【居中对齐】，如图5-88所示。

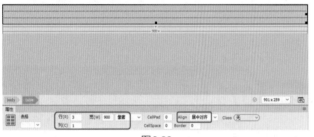

图5-88

Step 03 将光标置入第一行单元格内，在【属性】面板中将【背景颜色】设置为#7B542B，将【高】设置为25，效果如图5-89所示。

图5-89

Step 04 插入一个1行1列、表格宽度为850像素的表格，将Align设置为【居中对齐】，其他参数保持默认设置，如图5-90所示。

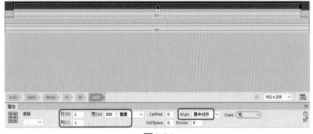

图5-90

Step 05 在插入的单元格内输入文字【登录|注册】，右击，在弹出的快捷菜单中选择【CSS样式】|【新建】命令，弹出【新建CSS规则】对话框，在该对话框中将【选择器名称】设置为DBWZ，将【选择器类型】设置为【类（可应用于任何HTML元素）】，将【规则定义】设置为【（仅限该文档）】，如图5-91所示。

图5-91

Step 06 单击【确定】按钮，弹出【.DBWZ的CSS规则定义】对话框，在该对话框中将Font-size设置为14px，将Color设置为#FFCC33，如图5-92所示。

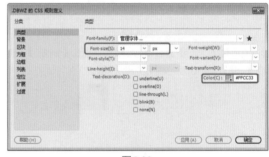

图5-92

Step 07 单击【确定】按钮，选择输入的文字，在【属性】面板中将【目标规则】设置为.DBWZ，将【水平】设置为【右对齐】，完成后的效果如图5-93所示。

图5-93

Step 08 将光标置入第二行单元格内，将【高】设置为464，单击【拆分】按钮，在命令行中的"<td"后按空格键，在弹出的快捷菜单中选择background选项，如图5-94所示。

```
25        </tbody>
26      </table></td>
27  ▼   <tr>
28      <td  height="464"> </td>
29      </tr>          aria-
30  ▼   <tr>           axis
31      <td>           background
32      </tr>          bgcolor
33      </tbody>
34    </table>
35    </body>
36    </html>
37
```

图5-94

Step 09 单击【浏览】按钮，弹出【选择文件】对话框，在该对话框中选择【素材\Cha05\宏源投资网页设计\H1.jpg】素材图片，单击【确定】按钮即可为单元格设置背景图像，效果如图5-95所示。

图5-95

Step 10 将光标置入第二行单元格内，按Ctrl+Alt+T组合键打开Table对话框，在该对话框中将【行数】、【列】分别设置为9、1，将【表格宽度】设置为135像素，单击【确定】按钮，即可插入表格，如图5-96所示。

图5-96

◎知识链接·◦

在Dreamweaver中可以选择下列任一视图。

【设计】视图：在菜单栏中选择【查看】|【设计】命令，或者在文档窗口中单击【设计】按钮，即可切换到【设计】视图，Dreamweaver中默认的视图显示方式就是【设计】视图。【设计】视图用于可视化页面布局、可视化编辑和快速应用程序开发的设计环境。在此视图中，Dreamweaver 显示文档的完全可编辑的可视化表示形式，类似于在浏览器中查看页面时看到的内容。

【代码】视图：在菜单栏中选择【查看】|【代码】命令，或者在文档窗口中单击【代码】按钮，即可切换到【代码】视图，该视图用于编写和编辑 HTML、JavaScript 和其他任何类型代码的手动编码环境。

【拆分代码】视图：在菜单栏中选择【查看】|【拆分代码】命令，即可切换到【拆分代码】视图，该视图是【代码】视图的拆分版本，可以同时对文档的不同部分进行操作。

【代码和设计】视图：在菜单栏中选择【查看】|【代码和设计】命令，或者在文档窗口中单击【拆分】按钮，即可切换到【代码和设计】视图，可以在单一窗口中同时查看同一文档的【代码】视图和【设计】视图。

实时视图：在菜单栏中选择【查看】|【实时视图】命令，或者在文档窗口中单击【实时视图】按钮，即可切换到实时视图，该视图与【设计】视图类似，实时视图能更逼真地显示文档在浏览器中的表示形式，并且可以像在浏览器中那样与文档进行交互。还可以在实时视图中直接编辑 HTML 元素，并在同一视图中即时预览、更改。

Step 11 选择插入表格的所有单元格，将【水平】、【垂直】分别设置为【居中对齐】、【居中】，将【背景颜色】设置为#CC7E3C，将【高】设置为40，如图5-97所示。

图5-97

Step 12 在表格内输入文字，将文字颜色设置为#FF0，选择输入的文字，按Ctrl+B组合键对文字进行加粗处理，完成后的效果如图5-98所示。

Step 13 右击，在弹出的快捷菜单中选择【CSS样式】|【新建】命令，弹出【新建CSS规则】对话框，在该对话框中将【选择器名称】设置为biankuang，如图5-99所示。

图5-98

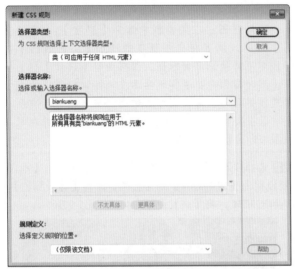

图5-99

Step 14 单击【确定】按钮，在打开的对话框中选择【边框】选项，取消选中Style选项下的【全部相同】复选框，将Bottom设置为solid，将Width设置为thin，将Color设置为#FF0，如图5-100所示。

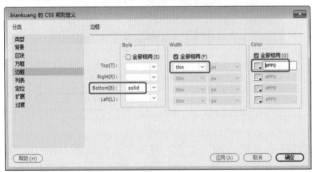

图5-100

Step 15 单击【确定】按钮，然后将第一行至第八行单元格的【目标规则】依次设置为.biankuang，单击【实时视图】按钮观看，效果如图5-101所示。

图5-101

Step 16 将光标置入大表格的第三行单元格内，插入一个2行5列、宽度为900像素的表格，如图5-102所示。

图5-102

Step 17 选择插入表格的第一行所有单元格，然后按Ctrl+Shift+M组合键合并单元格，将【高】设置为15，单击【拆分】按钮，将命令行中的" "删除，如图5-103所示。

图5-103

Step 18 将光标置于第二行单元格，将第一列、第三列、第五列单元格的【宽】设置为280，将【高】设置为130，将第二列、第四列单元格的【宽】设置为30，完成后的效果如图5-104所示。

图5-104

Step 19 将光标置入第二行的第一列单元格内，在如图5-105所示的位置按空格键，在弹出的快捷菜单中选择background选项。

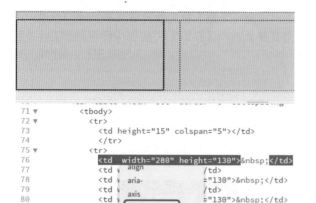

```
71 ▼        <tbody>
72 ▼          <tr>
73              <td height="15" colspan="5"></td>
74            </tr>
75 ▼          <tr>
76              <td width="280" height="130"> </td>
77              <td v    align              /td>
78              <td v    aria-         ="130"> </td>
79              <td v    axis          ="130"> </td>
80              <td v                  ="130"> </td>
81            </tr>       background
82          </tbody>
83        </table></td>
```

图5-105

Step 20 在弹出的快捷菜单中单击【浏览】按钮，弹出【选择文件】对话框，在该对话框中选择【素材\Cha05\宏源投资网页设计\背景.png】素材文件，效果如图5-106所示。

图5-106

Step 21 将光标置入第二行的第一列单元格内，按Ctrl+Alt+T组合键打开Table对话框，在该对话框中将【行数】、【列】分别设置为2、1，将【表格宽度】设置为280，其他参数保持默认设置。使用前面介绍的方法为第一行单元格设置背景图片，将单元格的【高】设置为40，效果如图5-107所示。

图5-107

Step 22 将光标置入第二行单元格内，将【高】设置为90，在第一、二行单元格内输入文字。右击，在弹出的快捷菜单中选择【CSS样式】|【新建】命令，在弹出的

对话框中将【选择器名称】设置为biaotiwenzi，如图5-108所示。

图5-108

Step 23 单击【确定】按钮，在弹出的对话框中将Font-family设置为【微软雅黑】，将Font-weight设置为bold，将Font-style设置为italic，将Color设置为#AD5106，如图5-109所示。

图5-109

Step 24 单击【确定】按钮，然后选择【本周焦点】文本，在【属性】面板中将【目标规则】设置为.biaotiwenzi。选择第二行单元格内的文字，将【字体】设置为【微软雅黑】，将【大小】设置为13px，完成后的效果如图5-110所示。

图5-110

Step 25 使用同样的方法制作其他单元格与输入文字，并对其进行相应的设置，完成后的效果如图5-111所示。

图5-111

Step 26 将光标置入大表格的右侧，插入一个2行1列、表格宽度为900像素的表格。选中新插入的表格，在【属性】面板中将Align设置为【居中对齐】，如图5-112所示。

图5-112

Step 27 将第一行单元格的【高】设置为15。将光标置入第一行单元格内，在菜单栏中选择【插入】|【水平线】命令，如图5-113所示。

图5-113

Step 28 将光标置入第二行单元格内，在单元格内输入文字，并对单元格和文字进行相应的设置，效果如图5-114所示。

图5-114

实例 080 汽车网页设计

- 素材：素材\Cha05\汽车网页设计
- 场景：场景\Cha05\实例080 汽车网页设计.html

本例首先通过【页面属性】对话框设置网页页面的属性，然后利用表格对网页进行布局，在单元格中输入文字、插入图片、插入表单等，完成后的效果如图5-115所示。

图5-115

Step 01 新建一个HTML5文档，在【属性】面板中单击【页面属性】按钮，在弹出的对话框中选择【外观（HTML）】选项，将【背景】设置为黑色，将【左边距】、【上边距】、【边距高度】均设置为0，如图5-116所示。

图5-116

Step 02 单击【确定】按钮，按Ctrl+Alt+T组合键打开Table对话框，在该对话框中将【行数】、【列】分别设置为1、2，将【表格宽度】设置为900像素，将Align设置为【居中对齐】，其他参数均设置为0，效果如图5-117所示。

图5-117

Step 03 将单元格的【高】设置为35，在第一列单元格内输入文字，选择除【汽车网】以外的所有文字，在【属性】面板中将【大小】设置为13px，将【颜色】设置为#97b539。选择【汽车网】文字，将【大小】设置为15px，将颜色设置为白色。在第二列单元格内输入文字，将【水平】设置为【右对齐】，将【大小】设置为13px，将【颜色】设置为#97b539，完成后的效果如图5-118所示。

图5-118

Step 04 将光标置入表格的右侧，插入一个2行6列、表格宽度为900像素的表格。选中插入的表格，在【属性】面板中将Align设置为【居中对齐】，如图5-119所示。

图5-119

Step 05 将光标置入第一行的第一列单元格内，在菜单栏中选择【插入】| HTML |【鼠标经过图像】命令，弹出【插入鼠标经过图像】对话框，在该对话框中单击【原始图像】右侧的【浏览】按钮，在弹出的对话框中选择【素材\Cha05\汽车网页设计\首页1.jpg】素材图片，单击【确定】按钮，如图5-120所示。

图5-120

Step 06 返回到【插入鼠标经过图像】对话框，单击【鼠标经过图像】右侧的【浏览】按钮，在弹出的对话框中选择【素材\Cha05\汽车网页设计\首页2.jpg】素材图片，单击【确定】按钮，如图5-121所示。

Step 07 返回到【插入鼠标经过图像】对话框，在该对话框中单击【确定】按钮。使用同样的方法插入剩余的鼠标经过图像，完成后的效果如图5-122所示。

图5-121

图5-122

Step 08 选择第二行的所有单元格，在【属性】面板中将【高】设置为10，将【背景颜色】设置为#97B539，单击【拆分】按钮，将" "删除，完成后的效果如图5-123所示。

图5-123

Step 09 将光标置入表格的右侧，插入一个1行1列、表格宽度为900像素的表格，将Align设置为【居中对齐】，如图5-124所示。

图5-124

Step 10 选择插入的表格，在【属性】面板中将【水平】设置为【居中对齐】，将光标置入单元格内，按Ctrl+Alt+I组合键，打开【选择图像源文件】对话框，在该对话框中选择【素材\Cha05\汽车网页设计\car.png】素材文件，单击【确定】按钮，即可插入素材文件，完成后的效果如图5-125所示。

图5-125

Step 11 将光标置入表格的右侧，按Ctrl+Alt+T组合键打开Table对话框，在该对话框中将【行数】、【列】分别设置为1、5，将【表格宽度】设置为900像素。在【属性】面板中将Align设置为【居中对齐】，如图5-126所示。

图5-126

Step 12 将第一列、第三列、第五列单元格的【宽】均设置为280，将第二列、第四列单元格的【宽】均设置为30，效果如图5-127所示。

图5-127

Step 13 将光标置入第一列单元格内，按Ctrl+Alt+T组合键打开Table对话框，在该对话框中将【行数】、【列】分别设置为14、1，将【表格宽度】设置为280像素，其他参数保持默认设置，效果如图5-128所示。

图5-128

◎提示·◎

还可以使用【代码】视图直接在 HTML 代码中更改单元格的宽度和高度值。

Step 14 将第一行、第八行单元格的【高】均设置为10，选择这两行单元格，单击【拆分】按钮，将第73命令行和第94命令行中的" "删除，如图5-129所示。

图5-129

Step 15 将第二行、第九行单元格的【高】均设置为30，将【背景颜色】设置为#373737，将剩余单元格的【高】均设置为25，效果如图5-130所示。

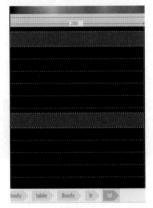

图5-130

Step 16 右击，在弹出的快捷菜单中选择【CSS样式】|【新建】命令，弹出【新建CSS规则】对话框，在该对话框中将【选择器名称】设置为biaotiwenzi，其他参数均为默认设置，如图5-131所示。

图5-131

Step 17 单击【确定】按钮，在弹出的对话框中将Font-family设置为【微软雅黑】，将Color设置为#97B539，如图5-132所示。

图5-132

Step 18 单击【确定】按钮，返回到场景中，右击，在弹出的快捷菜单中选择【CSS样式】|【新建】命令，在弹

出的对话框中将【选择器名称】设置为zwwz，如图5-133所示。

图5-133

Step 19 单击【确定】按钮，在弹出的对话框中将Font-family设置为【微软雅黑】，将Font-size设置为12px，将Color设置为#FFF，如图5-134所示。

图5-134

Step 20 单击【确定】按钮，在表格内输入文字，对标题文件应用biaotiwenzi样式，对剩余的文字应用zwwz样式，完成后的效果如图5-135所示。

Step 21 使用同样的方法插入其他表格、输入文字，并对输入的文字应用样式，效果如图5-136所示。

图5-135　　　　　图5-136

Step 22 将光标置入第五列单元格内，按Ctrl+Alt+T组合键打开Table对话框，在该对话框中将【行数】、【列】分别设置为7、1，将【表格宽度】设置为280像素，效果如图5-137所示。

图5-137

Step 23 将第一行单元格的【高】设置为10，选择第一行单元格，单击【拆分】按钮，将选中命令行中的" "删除，删除后的效果如图5-138所示。

图5-138

Step 24 将第七行单元格的【高】设置为165，将剩余单元格的【高】都设置为30，完成后的效果如图5-139所示。

Step 25 将光标置入第七行单元格内，按Ctrl+Alt+I组合键打开【选择图像源文件】对话框，在该对话框中选择【素材\Cha05\汽车网页设计\jiaodian.jpg】素材图片，单击【确定】按钮，即可导入图片，如图5-140所示。

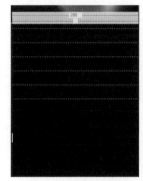

图5-139　　　　　图5-140

Step 26 在第二行单元格内输入文字，选择输入的文字，将【字体】设置为【微软雅黑】，将文本颜色设置为#FC9401，效果如图5-141所示。

图5-141

Step 27 将光标置入第三行单元格内，选择【插入】|【表单】|【选择】命令，将文字删除。选择插入的表单，在【属性】面板中单击【列表值】按钮，弹出【列表值】对话框，在该对话框中输入文字，如图5-142所示。

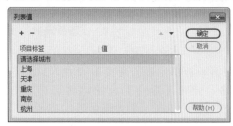

图5-142

Step 28 单击【确定】按钮，右击，在弹出的快捷菜单中选择【CSS样式】|【新建】命令，在弹出的对话框中将【选择器名称】设置为BD，其他参数保持默认设置，单击【确定】按钮。在弹出的对话框中选择【方框】选项，将Width设置为200px，将Height设置为20px，其他参数保持默认设置，如图5-143所示。

图5-143

Step 29 单击【确定】按钮，选择刚刚插入的表单，将其CSS样式设置为BD。使用同样的方法插入其他表单，并对表单进行设置，完成后的效果如图5-144所示。

图5-144

Step 30 将光标置入第六行单元格内，选择【插入】|【表单】|【图像按钮】命令，如图5-145所示。在弹出的对话框中选择【素材\Cha05\汽车网页设计\查找.jpg】素材图片。

图5-145

Step 31 选中插入的图像按钮表单，单击【拆分】按钮，在如图5-146所示的位置输入代码"alt="image""。

图5-146

Step 32 将光标置入表格的右侧，插入一个2行1列、表格宽度为900像素的表格，将Align设置为【居中对齐】，如图5-147所示。

图5-147

Step 33 将光标置入第一行单元格内，将【高】设置为30，将【背景颜色】设置为#373737，在该单元格内输入文字，选中输入的文字，将【目标规则】设置为.biaotiwenzi，如图5-148所示。

图5-148

Step 34 将光标置入第二行单元格内，插入一个2行7列、表格宽度为900像素的表格，如图5-149所示。

图5-149

Step 35 将第一、三、五、七列单元格的【宽】设置为210，将【高】设置为35，然后在第一行单元格内输入文字，选择输入的文字，将【字体】设置为【微软雅黑】，将【大小】设置为16px，将文本颜色设置为#FFF，将【水平】设置为【居中对齐】，完成后的效果如图5-150所示。

图5-150

Step 36 将光标置入第二行的第一列单元格内，按Ctrl+Alt+I组合键打开【选择图像源文件】对话框，在该对话框中选择【素材\Cha05\汽车网页设计\Car2.jpg】素材图片，单击【确定】按钮，即可插入素材图片，如图5-151所示。

图5-151

Step 37 使用同样的方法输入其他图片，单击【实时视图】按钮观看效果，如图5-152所示。

图5-152

Step 38 再次单击【设计】按钮返回到场景中，将光标置入表格的右侧，插入一个2行1列、表格宽度为900像素的表格，将Align设置为【居中对齐】，如图5-153所示。

图5-153

Step 39 将第一行单元格的【高】设置为10，在该单元格内插入水平线并对水平线进行设置，将【高】设置为1，单击【拆分】按钮，在"hr"位置处按空格键，在弹出的快捷菜单中选择color选项，并设置为#97B539，如图5-154所示。

图5-154

Step 40 将第二行单元格的【高】设置为35，将【水平】设置为【居中对齐】，然后在第二行单元格内输入文字，将【大小】设置为12px，将文本颜色设置为#97B539，如图5-155所示。

图5-155

实例 081 嗨选易购网页设计

- 素材：素材\Cha05\嗨选易购网页设计
- 场景：场景\Cha05\嗨选易购网页设计.html

本例将介绍如何制作嗨选易购网页，首先制作网页顶部，将导航栏设计成鼠标经过图像，然后在插入表格的单元格内输入文字和插入图片，完成后的效果如图5-156所示。

Step 01 新建一个文档类型为HTML5的空白文档，单击【属性】面板中的【页面属性】按钮，在弹出的对话框中选择【外观（HTML）】选项，将【上边距】、【左边距】、【边距高度】都设置为0，如图5-157所示。

图5-156

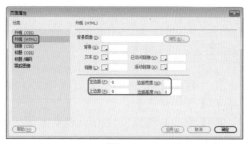

图5-157

Step 02 单击【确定】按钮，按Ctrl+Alt+T组合键打开
Table对话框，在文档中插入一个2行2列、表格宽度为
900像素、其他设置均为0的表格。在【属性】面板中将
Align设置为【居中对齐】，如图5-158所示。

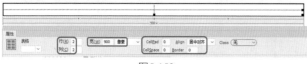

图5-158

Step 03 右击，在弹出的快捷菜单中选择【CSS样式】|
【新建】命令，弹出【新建CSS规则】对话框，在该对
话框中将【选择器名称】设置为a1，单击【确定】按
钮，再在打开的对话框中将Font-size设置为13px，将
Color设置为#666666，其他参数保持默认设置，如
图5-159所示。

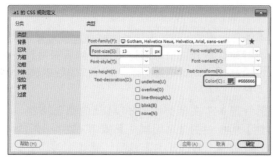

图5-159

Step 04 单击【确定】按钮，将第一行第一列单元格的
【水平】设置为居中对齐，【宽】设置为500，将第
一行第二列单元格的【水平】设置为【右对齐】，将
【宽】设置为400，输入文字，在【属性】面板中将
【目标规则】设置为.a1，如图5-160所示。

图5-160

Step 05 将光标置于【免费注册】文本右侧，按Ctrl+Alt+I
组合键，弹出【选择图像源文件】对话框，选择【素
材\Cha05\嗨选易购网页设计\立即注册.jpg】素材图像，
单击【确定】按钮，效果如图5-161所示。

图5-161

Step 06 选中插入的图像，按Shift+F4组合键打开【行为】
面板，在该面板中单击【添加行为】按钮 +，在弹出的
下拉列表中选择【转到URL】命令，弹出【转到URL】对
话框，在该对话框中单击【浏览】按钮，在弹出的对话框
中选择【素材\Cha05\嗨选易购网页设计\链接素材.html】
素材文件，单击【确定】按钮，返回到【转到URL】对话
框中，单击【确定】按钮，如图5-162所示。

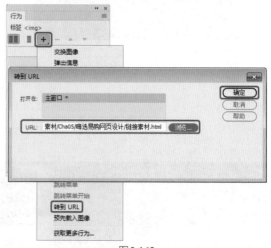

图5-162

Step 07 选中第二行单元格，单击【合并所选单元格，使
用跨度】按钮 将其合并，将光标置于合并的单元格
中，按Ctrl+Alt+I组合键，打开【选择图像源文件】对
话框，在该对话框中选择【素材\Cha05\嗨选易购网页设
计\素材1.jpg】素材文件，单击【确定】按钮，效果如

图5-163所示。

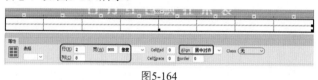

图5-163

Step 08 在表格下方的空白位置单击，插入一个2行8列、表格宽度为900像素的单元格，将Align设置为【居中对齐】，如图5-164所示。

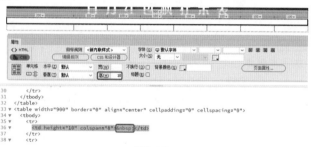

图5-164

Step 09 将第一列单元格的【宽】设置为200，其他单元格的【宽】设置为100。将第一行单元格合并，将其【高】设置为10，选中第一行单元格，切换至【拆分】视图，将选中代码中的" "删除，如图5-165所示。

```
30        </tr>
31      </tbody>
32    </table>
33 ▼  <table width="900" border="0" align="center" cellpadding="0" cellspacing="0">
34 ▼    <tbody>
35 ▼      <tr>
36        <td height="10" colspan="8"> </td>
37      </tr>
38 ▼      <tr>
```

图5-165

Step 10 切换至【设计】视图，将光标置入第二行第一列单元格内，使用前面介绍的方法插入图像内容，如图5-166所示。

全部商品　　首页　女装　箱包　饰品　团购　闪购　全球

图5-166

Step 11 选择【全部商品】素材图像，在【属性】面板中将ID设置为A1，打开【行为】面板，在该面板中单击【添加行为】按钮，在弹出的下拉列表中选择【交换图像】命令，弹出【交换图像】对话框，在该对话框中单击【浏览】按钮，弹出【选择图像源文件】对话框，在该对话框中选择【素材\Cha05\嗨选易购网页设计\素材3.jpg】素材图像，单击【确定】按钮，返回至【交换图像】对话框中，如图5-167所示。

Step 12 单击【确定】按钮，使用同样的方法为其他素材图像添加交换图像。在表格下方空白处单击，插入一个1行2列、表格宽度为900像素的表格，将Align设置为【居中对齐】，如图5-168所示。

图5-167

图5-168

Step 13 将光标置入第一列单元格内，将【宽】设置为200，右击，在弹出的快捷菜单中选择【CSS样式】|【新建】命令，在弹出的对话框中将【选择器名称】设置为biaoge，单击【确定】按钮，弹出【.biaoge的CSS规则定义】对话框，在该对话框中选择【边框】选项，将Top设置为solid，将Width设置为thin，将Color设置为#E43A3D，如图5-169所示。

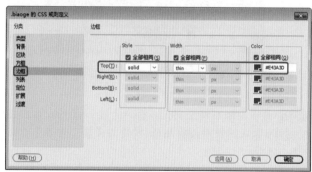

图5-169

Step 14 单击【确定】按钮，将光标置入第一列单元格中，在【属性】面板中将【目标规则】设置为.biaoge，插入一个14行1列、表格宽度为100%的表格，如图5-170所示。

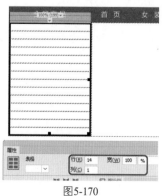

图5-170

Step 15 在表格中输入文字，输入完成后选中所有单元格，将【高】设置为25，将【大小】设置为15px，如图5-171所示。

图5-171

Step 16 将光标置入第二列单元格内，按Ctrl+Alt+I组合键，弹出【选择图像源文件】对话框，选择【素材\Cha05\嗨选易购网页设计\网宣图.jpg】素材图像，单击【确定】按钮。在【属性】面板中将【宽】、【高】分别设置为700px、351px，如图5-172所示。

图5-172

Step 17 单击表格右侧空白处，插入一个1行3列、表格宽度为900像素的表格，将Align设置为【居中对齐】，如图5-173所示。

图5-173

Step 18 将单元格的【宽】都设置为300，将光标置入第一列单元格内，在该单元格内插入一个2行2列、表格宽度为300像素的表格，将插入表格第一列单元格的【宽】设置为80，并合并第一列单元格，将第一行、第二行单元格的【高】分别设置为30、35，完成后的效果如图5-174所示。

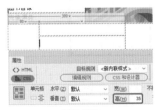

图5-174

Step 19 将光标置入合并后的单元格内，按Ctrl+Alt+I组合键，弹出【选择图像源文件】对话框，在该对话框中选择【素材\Cha05\嗨选易购网页设计\特色购物.jpg】素材图像，单击【确定】按钮，效果如图5-175所示。

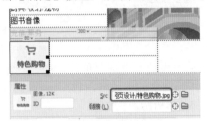

图5-175

Step 20 在第二列单元格内输入文字，选择输入文字后的单元格，在【属性】面板中将【水平】设置为【居中对齐】，【大小】设置为15px，完成后的效果如图5-176所示。

图5-176

Step 21 在其他单元格内插入表格并进行相应的设置，完成后的效果如图5-177所示。

图5-177

Step 22 将光标置于表格的右侧，插入一个1行4列、表格宽度为900像素的单元格，将Align设置为【居中对齐】，如图5-178所示。

图5-178

Step 23 将表格【水平】设置为【居中对齐】，使用前面介绍的方法在表格内插入图片，如图5-179所示。

图5-179

Step 24 单击表格右侧空白处，插入一个1行1列、表格宽度为900像素的表格，将Align设置为【居中对齐】。将光标置入单元格内，在菜单栏中选择【插入】|HTML|【水平线】命令，如图5-180所示。

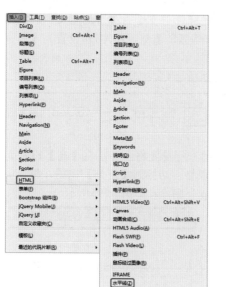

图5-180

Step 25 继续在该表格中插入一个2行7列、表格宽度为900像素的表格，如图5-181所示。

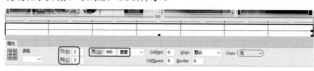

图5-181

Step 26 将单元格的【背景颜色】设置为#e7e6e5，将【水平】设置为【居中对齐】。将第一行、第二行单元格的【高】分别设置为25、100，将第一列至第五列、第六列、第七列的【宽】分别设置为103、190、195，然后在第一行、第二行单元格内输入文字，将【文字颜色】设置为#666666，将第二行的文字应用.a1样式，将第二行后两列【水平】设置为【左对齐】，完成后的效果如图5-182所示。

图5-182

Step 27 将光标置于表格的右侧，插入一个2行1列、表格宽度为900像素的表格，将Align设置为【居中对齐】，如图5-183所示。

图5-183

Step 28 将两行单元格的【水平】都设置为【居中对齐】，将第一行单元格的【垂直】设置为【底部】，在

单元格内输入文字，然后为输入的文字应用.a1样式，完成后的效果如图5-184所示。

图5-184

Step 29 至此，嗨选易购网页就制作完成了。将场景保存后，按F12键进行预览即可。

实例 082 美食网页设计

- 素材：素材\Cha05\美食网页设计
- 场景：场景\Cha05\实例082 美食网页设计.html

美食体现了人类的文明与进步，本例将介绍如何制作美食网页，完成后的效果如图5-185所示。

图5-185

Step 01 启动软件后，新建一个文档类型为HTML5的空白文档，单击【属性】面板中的【页面属性】按钮，在弹出的对话框中选择【外观（HTML）】选项，将【左边距】、【上边距】、【边距高度】都设置为0，如图5-186所示。

图5-186

Step 02 单击【确定】按钮，按Ctrl+Alt+T组合键打开Table对话框，在文档中插入一个1行1列、表格宽度为

900像素的单元格，其他设置均为0。在【属性】面板中，将Align设置为【居中对齐】，如图5-187所示。

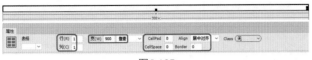

图5-187

Step 03 将【高】设置为30。在表格内输入文字，然后选择除【电脑版】以外的其他文字，将【大小】设置为13px，将【文字颜色】设置为#666666。选择【电脑版】文字，将【大小】设置为15px，将【文字颜色】设置为#FF9900，按Ctrl+B组合键将文字加粗，如图5-188所示。

图5-188

Step 04 将光标置于表格的右侧，插入一个1行9列、表格宽度为900像素的表格，将Align设置为【居中对齐】，如图5-189所示。

图5-189

Step 05 将光标置入第一列单元格内，在菜单栏中选择【插入】| HTML |【鼠标经过图像】命令，弹出【插入鼠标经过图像】对话框，在该对话框中单击【原始图像】文本框右侧的【浏览】按钮，弹出【原始图像】对话框，选择【素材\Cha05\美食网页设计\素材1.jpg】素材图像，单击【确定】按钮，然后单击【鼠标经过图像】文本框右侧的【浏览】按钮，选择【素材\Cha05\美食网页设计\素材2.jpg】素材图像，单击【确定】按钮，返回至【插入鼠标经过图像】对话框，单击【确定】按钮，如图5-190所示。

图5-190

Step 06 使用同样的方法插入其他鼠标经过图像，完成后的效果如图5-191所示。

图5-191

Step 07 将光标置于表格的右侧，插入一个2行3列、表格宽度为900像素的表格，将Align设置为【居中对齐】，如图5-192所示。

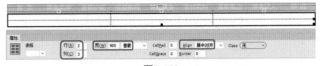

图5-192

Step 08 将第一行单元格合并，将【高】设置为10，选择合并后的表格，切换到【拆分】视图，将选中命令行中的" "删除，如图5-193所示。

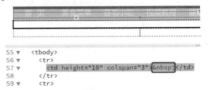

图5-193

Step 09 将第二行单元格的【宽】均设置为300。将光标置入第二行第一列单元格内，插入一个11行1列、表格宽度为300像素的表格，如图5-194所示。

Step 10 将第一行的【高】设置为30，第二行、第三行单元格的【高】分别设置为25、75。选择第一行单元格，单击【拆分单元格为行或列】按钮，弹出【拆分单元格】对话框，在该对话框中选中【列】单选按钮，将【列数】设置为2，如图5-195所示。

图5-194　　　　　　　图5-195

◎提示·◎

在菜单栏中选择【编辑】| Table |【拆分单元格】命令，也可以弹出【拆分单元格】对话框。

Step 11 单击【确定】按钮即可拆分单元格。使用同样的方法拆分第二行、第三行的单元格。将第一列单元格的【宽】设置为100，然后在第一行单元格内输入文字，将【健康新闻】文字的【大小】设置为17px，按Ctrl+B组合键对其进行加粗处理，将【水平】设置为【居中对齐】，选择剩余的文字，将【大小】设置为12px，将【文字颜色】设置为#666666，完成后的效果如图5-196所示。

Step 12 将第一列中的第二行、第三行单元格进行合并，将光标置入单元格内，将【水平】设置为【居中对齐】，按Ctrl+Alt+I组合键，打开【选择图像源文件】

对话框，在该对话框中选择【素材\Cha05\美食网页设计\素材19.jpg】图片，单击【确定】按钮，效果如图5-197所示。

图5-196　　　　　　图5-197

Step 13 在图片右侧单元格中输入文字，选择【免疫力下降吃什么好？】文字，将【文字颜色】设置为#ff3300，按Ctrl+B组合键将文字加粗。将剩余文字的【字体】设置为【微软雅黑】，【大小】设置为13px，将【文字颜色】设置为#666666，完成后的效果如图5-198所示。

Step 14 将第四行单元格的【高】设置为25，然后使用同样的方法为剩余的单元格插入图片、输入文字，并对输入的文字进行设置，完成后的效果如图5-199所示。

图5-198　　　　　　图5-199

Step 15 使用同样的方法在右侧单元格内插入单元格，输入文字和插入图片，完成后的效果如图5-200所示。

图5-200

Step 16 将光标置于表格的右侧，插入一个2行2列、表格宽度为900像素的表格，将Align设置为【居中对齐】，如图5-201所示。

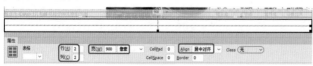

图5-201

Step 17 将第一行单元格进行合并，将【高】设置为10，并根据前面介绍的方法删除代码。将光标置入第二行第

一列单元格内，将【宽】设置为600像素，插入一个8行8列、表格宽度为600像素的表格，如图5-202所示。

Step 18 将第二、四、六、八列单元格的【宽】均设置为120，将第一列单元格的【宽】设置为15，将剩余单元格的【宽】设置为35，然后将光标置入第二列第三行单元格内，按Ctrl+Alt+I组合键，弹出【选择图像源文件】对话框，在该对话框中选择【素材\Cha05\美食网页设计\上海生煎包.jpg】素材图像，单击【确定】按钮，效果如图5-203所示。

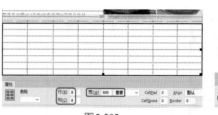

图5-202　　　　　　图5-203

Step 19 在第四行的第二列单元格内输入文字，选中输入的文字，将【大小】设置为13px，将【文字颜色】设置为#666666，将【水平】设置为【居中对齐】，如图5-204所示。

图5-204

Step 20 将除插入图片的单元格外其他单元格的【高】均设置为20，使用同样的方法插入其他图片并输入文字，效果如图5-205所示。

图5-205

Step 21 将第一行第一列至第三列单元格进行合并，第四列至第八列单元格进行合并，然后在单元格内输入文字并设置属性，完成后的效果如图5-206所示。

图5-206

Step 22 将光标置入大表格的第二列单元格内，插入一个11行1列、表格宽度为300像素、单元格间距为2的表格，如图5-207所示。

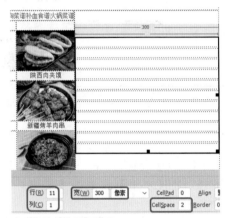

图5-207

Step 23 选中插入的单元格，将【背景颜色】设置为#F46F2E，【水平】设置为【居中对齐】，将第一行单元格的【高】设置为40，将其余单元格的【高】设置为30，然后在单元格内输入文字，并对文字进行相应的设置，效果如图5-208所示。

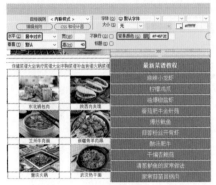

图5-208

Step 24 将光标置于表格的右侧，插入一个2行1列、表格宽度为900像素、其他设置均为0的表格，将Align设置为【居中对齐】，将第一行单元格的【高】设置为10。切换至【拆分】视图，将" "代码删除。将光标置于该单元格中，选择【插入】| HTML |【水平线】命令，然后在第二行单元格内输入文字，将【大小】设置为13px，将【文字颜色】设置为#666666，将【水平】设置为【居中对齐】，效果如图5-209所示。

图5-209

Step 25 至此，美食网页就制作完成了。将场景保存后，按F12键进行预览。

第6章 网络科技类网页设计

本章导读

  互联网的迅猛发展不仅带动了相关产业，也促使各种电脑网络类网页诞生。在浏览网页时，我们经常会登录一些信息类网站、博客类网站和软件类网站，本章将介绍电脑网络科技类网页的设计方法。

实例 **083** 个人博客网站设计

⊕ 素材：素材\Cha06\个人博客网站
⊕ 场景：场景\Cha06\实例083 个人博客网站.html

本例将介绍个人博客网站的制作过程。本例主要讲解如何使用表格布局网站结构，首先对网站的整体结构布局进行设置，插入主题图片和各个标题，然后分别设置网站导航栏、网站主体信息和网站底部信息，最后介绍如何插入Div和表单，完成后的效果如图6-1所示。

图6-1

Step 01 启动软件后，新建一个HTML5文档，然后按Ctrl+Alt+T组合键，在弹出的Table对话框中，将【行数】设置为6，【列】设置为1，将【表格宽度】设置为900像素，将【边框粗细】、【单元格边距】和【单元格间距】均设置为0，如图6-2所示。

图6-2

Step 02 单击【确定】按钮，选中插入的表格，在【属性】面板中将Align设置为【居中对齐】，如图6-3所示。

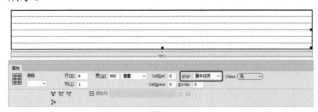

图6-3

Step 03 将光标置入第一行单元格中，在【属性】面板

中，单击【拆分单元格为行或列】按钮，将其拆分为两列，并将第一列的【宽】设置为738，如图6-4所示。

图6-4

Step 04 将光标置入第一行的第一列单元格中，按Ctrl+Alt+T组合键，弹出Table对话框，将【行数】设置为1，【列】设置为4，将【表格宽度】设置为60百分比，将【单元格间距】设置为5，如图6-5所示。

图6-5

Step 05 单击【确定】按钮，选中新置入的各个单元格，将【宽】设置为25%，【高】设置为25，如图6-6所示。

Step 06 将第一个单元格的【背景颜色】设置为#FFA4A7，如图6-7所示。

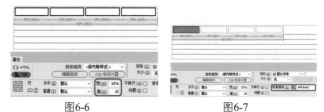

图6-6   图6-7

Step 07 在主体表格的第一行第二列单元格中，插入一个1行5列的表格，将其【宽】设置为100%，单元格间距设置为2，如图6-8所示。

Step 08 选中新插入的各个单元格，将【宽】设置为20%，如图6-9所示。

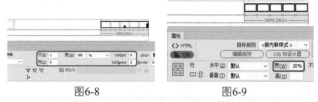

图6-8   图6-9

Step 09 将光标置入第一列单元格中，然后按Ctrl+Alt+I组合键，弹出【选择图像源文件】对话框，选择【素材\Cha06\个人博客网站\delicious.jpg】素材文件，单击【确定】按钮，选中插入的素材图像，将【宽】、

【高】均设置为30px，如图6-10所示。

Step 10 使用同样的方法插入其他的图标素材图像，如图6-11所示。

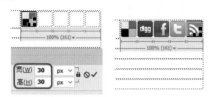

图6-10　　　　　图6-11

Step 11 在第二行单元格中插入一个2行2列的表格，将其【宽】设置为100%，单元格间距设置为3，如图6-12所示。

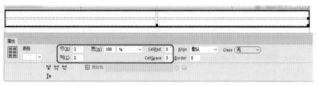

图6-12

Step 12 选择第一行的两列单元格，单击【合并所选单元格，使用跨度】按钮口，将其合并，然后选中新插入的所有单元格，将【背景颜色】设置为#FFA4A7，如图6-13所示。

图6-13

Step 13 将光标置入第一行单元格中，然后按Ctrl+Alt+I组合键，弹出【选择图像源文件】对话框，选择【素材\Cha06\个人博客网站\游行天下.png】素材图像，如图6-14所示。

Step 14 将光标置入第二行的第一列单元格中，将【宽】设置为324，【高】设置为50，【垂直】设置为【底部】，插入一个1行1列的表格，将其【宽】设置为100，将【水平】设置为【左对齐】，【高】设置为35，【背景颜色】设置为#606060，如图6-15所示。

图6-14　　　　　图6-15

Step 15 将第二行第二列单元格的【垂直】设置为【底部】，使用相同的方法插入表格，如图6-16所示。

图6-16

◎提示·°

【垂直】：指定单元格、行或列内容的垂直对齐方式。可以将内容对齐到单元格的顶端、中间、底部或基线，或者指示浏览器使用其默认的对齐方式（通常是中间）。

Step 16 在下一行单元格中插入一个1行2列的表格，将其【宽】设置为900像素，单元格边距和单元格间距均设置为3，如图6-17所示。

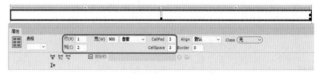

图6-17

Step 17 选中新插入的两个单元格，将【水平】设置为【居中对齐】，【垂直】设置为【居中】，【背景颜色】设置为#FFA4A7，并将第1列单元格的【宽】设置为318，如图6-18所示。

图6-18

Step 18 将光标置入下一行单元格中，根据前面的方法，插入一个1行1列的表格，将【宽】设置为900像素，单元格间距设置为3，将【背景颜色】设置为#FFA4A7，将光标置入该单元格中，将【垂直】设置为【底部】，【高】设置为50，插入一个与前面【背景颜色】为#606060的相同参数的单元格，如图6-19所示。

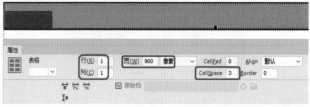

图6-19

Step 19 将光标置入下一行单元格中，按Ctrl+Alt+T组合键，弹出Table对话框，将【行数】设置为2，【列】设置为4，将【表格宽度】设置为100百分比，将【单元格边距】设置为5，将【单元格间距】设置为3，如图6-20所示。

图6-20

Step 20 单击【确定】按钮，选中新插入的单元格，将其【宽】设置为25%，然后将第一、三、四列单元格的【背景颜色】设置为#FFA4A7，将第二列单元格的【背景颜色】设置为#FD5258，如图6-21所示。

图6-21

Step 21 在【属性】面板中单击【页面属性】按钮，在弹出的对话框中，将【背景颜色】设置为#ff7074，然后单击【确定】按钮，如图6-22所示。

图6-22

Step 22 右击如图6-23所示的单元格，在弹出的快捷菜单中选择【CSS样式】|【新建】命令。

图6-23

Step 23 在弹出的【新建CSS规则】对话框中将【选择器类型】设置为【类（可应用于任何HTML元素）】，将【选择器名称】设置为A1，将【规则定义】设置为【（仅限该文档）】，如图6-24所示。

Step 24 单击【确定】按钮，弹出【.A1的CSS规则定义】对话框，在该对话框中选择【类型】选项，单击Font-family文本框右侧的下三角按钮，在弹出的下拉列表

中选择【管理字体】选项，如图6-25所示。

图6-24

图6-25

Step 25 弹出【管理字体】对话框，在该对话框中选择【自定义字体堆栈】选项卡，在【可用字体】列表框中将【华文中宋】字体添加至【选择的字体】列表框中，如图6-26所示。

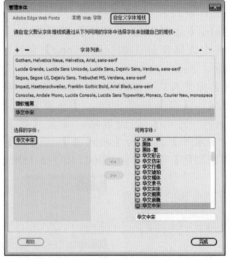

图6-26

Step 26 单击【完成】按钮，返回至【.A1的CSS规则定义】对话框中，将Font-family设置为【华文中宋】，Font-size设置为18px，Color设置为#FFFFFF，单击【确定】按钮，如图6-27所示。

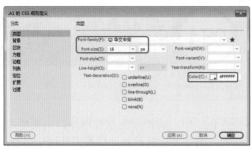

图6-27

Step 27 在【属性】面板中单击CSS按钮 ![CSS] ，将【目标规则】设置为.A1，将【水平】设置为【居中对齐】，在4个单元格中输入文字，如图6-28所示。

Step 28 使用同样的方法新建CSS样式，将【选择器名称】设置为A2，Font-family设置为【微软雅黑】，Font-size设置为18px，Font-weight设置为bold，Color设置为#FFFFFF，单击【确定】按钮，在【背景颜色】为#606060的3个单元格中输入文字，如图6-29所示。

图6-28

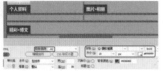

图6-29

> **提示·**
> 在单元格中按Shift+Ctrl+空格键，可以在文字前或后添加空格。

Step 29 将光标置入如图6-30所示的单元格中，按Ctrl+Alt+I组合键，弹出【选择图像源文件】对话框，选择【素材\Cha06\个人博客网站\templatemo_big_0.jpg】素材图像，继续在该单元格中新建CSS样式，将【选择器名称】设置为A3，Font-family设置为【微软雅黑】，Font-size设置为16px，Color设置为#FFFFFF，单击【确定】按钮，然后输入文字，如图6-30所示。

Step 30 将光标置入另一列单元格中，按Ctrl+Alt+I组合键，弹出【选择图像源文件】对话框，选择【素材\Cha06\个人博客网站\园林风光.jpg】素材图像，单击【确定】按钮，将其【宽】、【高】分别设置为538px、344px，如图6-31所示。

图6-30   图6-31

Step 31 选中如图6-32所示的单元格，将【水平】设置为【居中对齐】，【垂直】设置为【居中】，根据前面的方法新建CSS样式，将【选择器名称】设置为A4，Font-family设置为【微软雅黑】，Font-size设置为14px，Color设置为#FFFFFF，单击【确定】按钮，然后插入图片并输入文字，如图6-32所示。

图6-32

Step 32 将光标置入最后一行单元格中，将【水平】设置为【居中对齐】，将字体颜色设置为白色，然后输入文字，如图6-33所示。

图6-33

> **提示·**
> 在菜单栏中选择【插入】|HTML|【字符】命令，可插入字符。

Step 33 在菜单栏中选择【插入】| Div 命令，在弹出的【插入Div】对话框中，将ID设置为div01，单击【新建CSS规则】按钮，如图6-34所示。

图6-34

Step 34 在弹出的【新建CSS规则】对话框中，使用默认参数，然后单击【确定】按钮，如图6-35所示。

图6-35

Step 35 弹出【#div01的CSS规则定义】对话框，在【分类】列表框中选择【定位】选项，将Position设置为absolute，然后单击【确定】按钮，如图6-36所示。

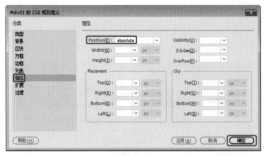

图6-36

Step 36 返回到【插入Div】对话框，单击【确定】按钮。选中插入的Div，在【属性】面板中，将【左】设置为609px，【上】设置为87px，【宽】设置为259px，如图6-37所示。

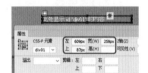

图6-37

Step 37 将Div中的文字删除，然后在菜单栏中选择【插入】|【表单】|【表单】命令，插入表单，如图6-38所示。

Step 38 在菜单栏中选择【插入】|【表单】|【搜索】命令，插入搜索控件，如图6-39所示。

图6-38　　　　　　　图6-39

Step 39 将Div中的英文删除，然后将光标定位到搜索框的右侧，在菜单栏中选择【插入】|【表单】|【按钮】命令，插入按钮控件，如图6-40所示。

Step 40 选中插入的按钮控件，在【属性】面板中，将Value设置为【站内搜索】，如图6-41所示。

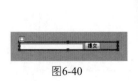

图6-40　　　　　　　图6-41

实例 084 无忧绿色软件站设计

- 素材：素材\Cha06\绿色软件网站
- 场景：场景\Cha06\实例084 无忧绿色软件站.html

本例将介绍如何制作绿色软件网站，主要使用Div布局网站结构，通过表格对网站的结构进行细化调整，具体操作方法如下，完成后的效果如图6-42所示。

图6-42

Step 01 启动软件后，新建一个HTML5文档。新建文档后，按Ctrl+Alt+T组合键，弹出Table对话框，将【行数】、【列】均设置为1，将【表格宽度】设置为100百分比，将【边框粗细】、【单元格边距】和【单元格间距】均设置为0，如图6-43所示。

Step 02 单击【确定】按钮，将光标置入表格中，在【属性】面板中，将【高】设置为80，将【背景颜色】设置为#E4E8F0，如图6-44所示。

图6-43　　　　　　　图6-44

Step 03 按Ctrl+Alt+I组合键，打开【选择图像源文件】对话框，选择【素材\Cha06\绿色软件网站\01.png】素材图像，单击【确定】按钮，效果如图6-45所示。

Step 04 在菜单栏中选择【插入】| Div 命令，弹出【插入Div】对话框，在ID文本框中输入名称，如图6-46所示。

图6-45　　　　　　　图6-46

Step 05 单击【新建CSS规则】按钮，在弹出的【新建CSS规则】对话框中单击【确定】按钮，弹出【#div01的CSS规则定义】对话框，选择【分类】列表框中的【定位】选项，将Position设置为absolute，设置完成后单击【确定】按钮，如图6-47所示。

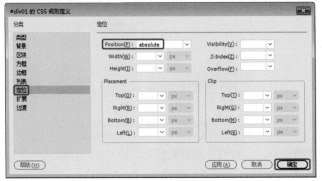

图6-47

Step 06 返回至【插入Div】对话框，单击【确定】按钮，选中插入的Div，在【属性】面板中，将【左】设置为10px，【上】设置为88px，【宽】设置为177px，【高】设置为662px，【背景颜色】设置为#f0f2f3，如图6-48所示。

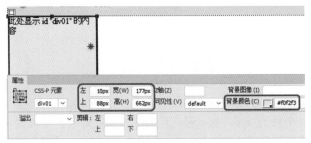

图6-48

Step 07 将光标插入至Div中，将文字删除，按Ctrl+Alt+T组合键，弹出Table对话框，将【行数】设置为14，【列】设置为1，将【表格宽度】设置为100百分比，将【边框粗细】、【单元格边距】和【单元格间距】均设置为0，单击【确定】按钮，如图6-49所示。

图6-49

● 提示·。

　　如果没有明确指定边框粗细或单元格间距和单元格边距的值，则大多数浏览器都按边框粗细和单元格边距设置为1、单元格间距设置为2来显示表格。若要确保浏览器显示表格时不显示边距或间距，请将【单元格边距】和【单元格间距】设置为0。

Step 08 在【属性】面板中将【水平】设置为【居中对齐】，将除第一行的其余行单元格的【高】设置为30，如图6-50所示。

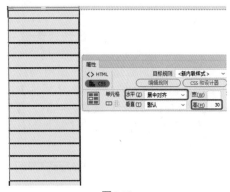

图6-50

Step 09 切换到【拆分】视图，单击第一行单元格，选中光标所在的命令行代码，如图6-51所示。

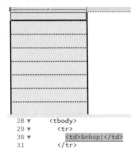

图6-51

Step 10 将其更改为"<td height="40" align="center" background="file:///E|/配送资源/素材/Cha06/绿色软件网站/02.png"></td>"，如图6-52所示。

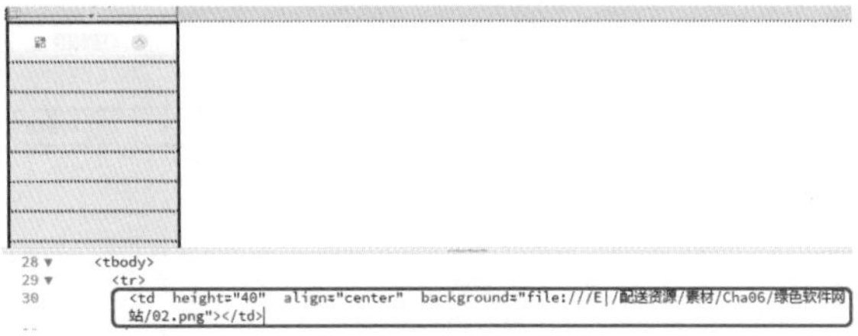

图6-52

Step 11 将光标置入更改代码的单元格中，右击，新建CSS样式，将【选择器名称】设置为a1，将Font-family设置为【微软雅黑】，Font-size设置为16px，如图6-53所示。

Step 12 单击【确定】按钮，并在【属性】面板的CSS界面中将【目标规则】设置为.A1，输入文字，使用同样的方法，新建CSS样式，将【选择器名称】分别设置为A2、A3，将Font-family设置为【微软雅黑】，Font-size设置为14px，将A3的Color设置为#999999，并在其他单元格中输入文本，如图6-54所示。

图6-53

图6-54

Step 13 在文档中空白的位置单击，使用同样方法插入一个新的Div，选中插入的Div，在【属性】面板中将【左】设置为777px，【上】设置为88px，【宽】设置为218px，【高】设置为283px，【背景颜色】设置为#f0f2f3，如图6-55所示。

图6-55

Step 14 将光标置入Div中，使用前面介绍的方法插入一个5行1列、表格宽度为100百分比的表格，将【高】分别设置为50、70、34、60、60，将【水平】均设置为【居中对齐】，新建CSS样式，将Font-family设置为【微软雅黑】，Font-size设置为18px，Color设置为#24b8fd，如图6-56所示。

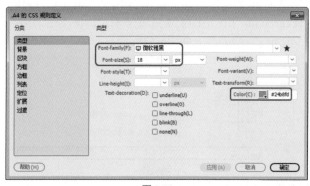

图6-56

Step 15 单击【确定】按钮，在【属性】面板中设置【目标规则】为新建CSS样式，输入文本【今日推荐】，将光标插入到第二行单元格中，在【属性】面板中单击

【拆分单元格为行或列】按钮，在弹出的【拆分单元格】对话框中，选中【列】单选按钮，将【列数】设置为2，单击【确定】按钮，如图6-57所示。

Step 16 将光标分别插入到拆分的两个单元格中，在【属性】面板中将【宽】分别设置为40%、56%，效果如图6-58所示。

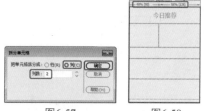

图6-57　　　　　　　图6-58

Step 17 设置完成后，根据前面介绍的方法，在单元格中插入素材图像，并设置CSS样式，输入文字，将拆分后的第二列单元格【水平】设置为【默认】，效果如图6-59所示。

图6-59

Step 18 在文档中空白的位置单击，使用同样的方法插入一个新的Div，选中插入的Div，在【属性】面板中将【左】设置为777px，【上】设置为366px，【宽】设置为218px，【高】设置为382px，【背景颜色】设置为#f0f2f3，如图6-60所示。

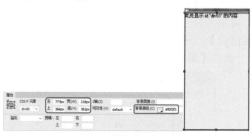

图6-60

Step 19 将光标插入至Div中，删除文字，使用前面介绍的方法插入一个11行3列、表格宽度为100百分比的表格。选中插入的第一行单元格，在【属性】面板中单击【合并所选单元格，使用跨度】按钮，合并所选单元格，然后分别设置3列单元格的宽度，效果如图6-61所示。

Step 20 将光标插入第一行单元格中，新建CSS样式并输入文字，将【水平】设置为【居中对齐】，【垂直】设置为【居中】，【背景颜色】设置为#24B8FD，如图6-62所示。

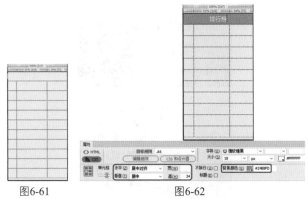

图6-61   图6-62

Step 21 在该表格中设置【水平】、【垂直】与【背景颜色】，输入其他文字，字体使用默认的即可，并插入素材图像，效果如图6-63所示。

Step 22 在文档中空白的位置单击，使用同样的方法插入一个新的Div，选中插入的Div，在【属性】面板中将【左】设置为198px，【上】设置为87px，【宽】设置为570px，【高】设置为240px，【背景颜色】设置为#f0f2f3，如图6-64所示。

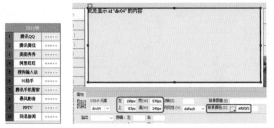

图6-63   图6-64

Step 23 根据前面介绍的方法，插入一个1行1列、宽为100百分比的表格。在【属性】面板中将【水平】设置为【居中对齐】，【垂直】设置为【居中】，【高】设置为240，并插入图像素材，如图6-65所示。

图6-65

Step 24 再次插入一个Div，然后在【属性】面板中将【左】设置为198px，【上】设置为331px，【宽】设置为570px，【高】设置为39px，如图6-66所示。

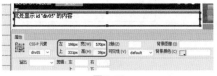

图6-66

Step 25 根据前面介绍的方法向Div中插入一个1行2列、表格宽度为100百分比的表格，并将左侧单元格的【水平】设置为【右对齐】，右侧单元格的【水平】设置为【左对齐】，【宽】设置为21%，【高】设置为39，如图6-67所示。

图6-67

◎提示·•

在【属性】面板中，设置表格、Div或其他对象的【宽】或【高】时，在其参数尾部，添加或不添加"%"，结果是不一样的。

Step 26 使用前面介绍的方法新建CSS样式，将Font-family设置为【微软雅黑】，Font-size设置为14px，Color设置为#1f6491，输入文字并在右侧的单元格中插入图片素材，效果如图6-68所示。

图6-68

Step 27 继续插入一个Div，在【属性】面板中将【左】设置为198px，【上】设置为371px，【宽】设置为570px，【高】设置为380px，【背景颜色】设置为#f0f2f3，如图6-69所示。

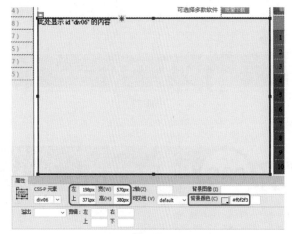

图6-69

Step 28 根据前面介绍的方法向Div中插入一个6行5列、表格宽度为100百分比的表格，并将单元格的【高】分别设置为100、25，将【水平】设置为【居中对齐】，将【垂直】分别设置为【底部】、【居中】，效果如图6-70所示。

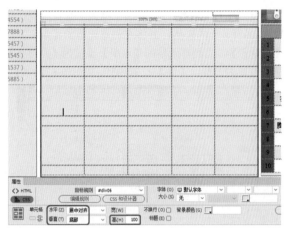

图6-70

Step 29 根据前面介绍的方法，在各个表格中插入图像素材和输入文字，并进行相应的设置，效果如图6-71所示。

图6-71

Step 30 根据前面介绍的方法插入Div和表格，并设置背景颜色，输入文字并进行相应的设置，效果如图6-72所示。

图6-72

实例 085 靓图王网页设计

- ● 素材：素材\Cha06\靓图王网页设计
- ● 场景：场景\Cha06\实例085 靓图王网页设计.html

本例将介绍靓图王网页设计的制作过程，主要讲解如何使用表格和Div布局网页，其中还介绍了如何设置表单和插入Div的方法。具体操作方法如下，完成后的效果如图6-73所示。

图6-73

Step 01 启动软件后，按Ctrl+N组合键，打开【新建文档】对话框，在【文档类型】列表框中选择HTML，【框架】选择【无】，【文档类型】选择为HTML 4.01 Transitional，然后单击【创建】按钮，如图6-74所示。

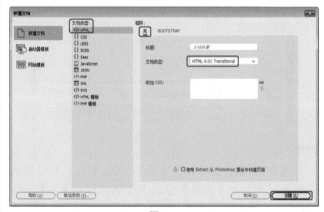

图6-74

Step 02 在【属性】面板中单击【页面属性】按钮，在弹出的【页面属性】对话框中，将【左边距】、【右边距】【上边距】和【下边距】都设置为10px，然后单击【确定】按钮，如图6-75所示。

图6-75

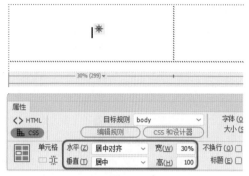

图6-78

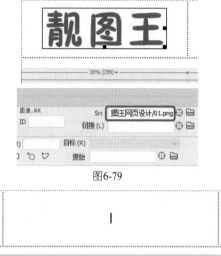

图6-79

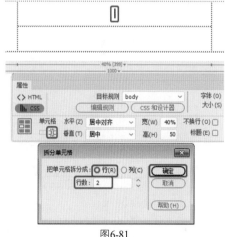

图6-80

提示

若在浏览网页时，发现图片格局错位，可以将代码顶部用于声明文档类型的如下代码删除：

<!DOCTYPE HTML PUBLIC "-//W3C//DTD HTML 4.01 Transitional//EN" "http://www.w3.org/TR/html4/loose.dtd">

Step 03 按Ctrl+Alt+T组合键，弹出Table对话框，将【行数】设置为2，【列】设置为1，将【表格宽度】设置为1000像素，【边框粗细】、【单元格边距】、【单元格间距】均设置为0，然后单击【确定】按钮，如图6-76所示。

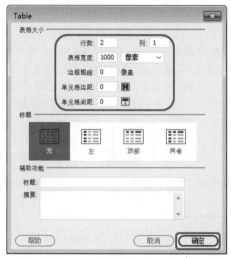

图6-76

Step 04 将光标置入第一行单元格中，单击【拆分单元格为行或列】按钮，在弹出的【拆分单元格】对话框中，选中【列】单选按钮，将【列数】设置为3，然后单击【确定】按钮，如图6-77所示。

图6-77

Step 05 将光标置入第一行的第一列单元格中，将【水平】设置为【居中对齐】，【垂直】设置为【居中】，【宽】设置为30%，【高】设置为100，如图6-78所示。

Step 06 按Ctrl+Alt+I组合键，弹出【选择图像源文件】对话框，选择【素材\Cha06\靓图王网页设计\01.png】素材文件，单击【确定】按钮，如图6-79所示。

Step 07 将光标置入第二列单元格中，将【水平】设置为【居中对齐】，【垂直】设置为【居中】，【宽】设置为40%，【高】设置为100，如图6-80所示。

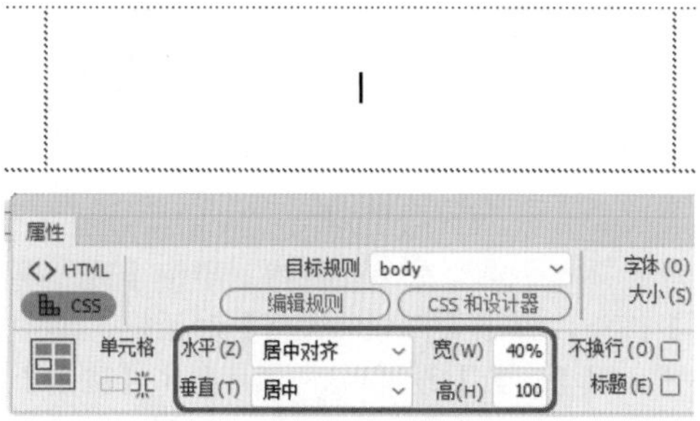

Step 08 单击【属性】面板中的【拆分单元格为行或列】按钮，在弹出的【拆分单元格】对话框中，选中【行】单选按钮，将【行数】设置为2，然后单击【确定】按钮，将光标置于拆分后的第一行单元格内，如图6-81所示。

图6-81

Step 09 在单元格内新建CSS样式，将Font-family设置为【微软雅黑】，Color设置为#787878，输入【真正拥有创意的免费素材】文字，如图6-82所示。

图6-82

Step 10 将光标置入拆分后的第二行单元格中，将【水平】设置为【左对齐】，按Ctrl+Alt+I组合键，选择【素材\Cha06\靓图王网页设计\02.png】素材图像，将图片的【宽】、【高】分别设置为400px、40px，如图6-83所示。

图6-83

Step 11 将光标置于第三列单元格内，单击【拆分单元格为行或列】按钮，弹出【拆分单元格】对话框，选中【行】单选按钮，将【行数】设置为2，然后单击【确定】按钮，将光标置入第一行单元格内，如图6-84所示。

Step 12 单击【拆分单元格为行或列】按钮，弹出【拆分单元格】对话框，选中【行】单选按钮，将【行数】设置为2，然后单击【确定】按钮，如图6-85所示。将光标置于拆分后的单元格的第一行，将【水平】设置为【右对齐】，将【垂直】设置为【居中】。

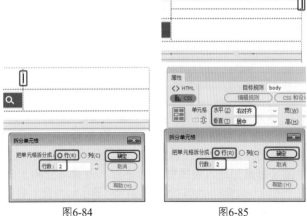

图6-84　　　　　　　图6-85

Step 13 新建一个CSS样式，将Font-family设置为【微软雅黑】，Font-size设置为12px，在单元格内输入文本【登录 | 注册 | 帮助中心】，将第一行与第二行单元格的【高】设置为25，如图6-86所示。

图6-86

Step 14 将光标置入第三列单元格中，将【水平】设置为【居中对齐】，【垂直】设置为【居中】，然后新建CSS样式，将Font-family设置为【微软雅黑】，Font-size设置为24px，字体颜色设置为#D30048，输入文字，如图6-87所示。

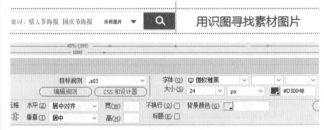

图6-87

Step 15 将光标插入到下一行单元格中，将【高】设置为56，并选中单元格，然后单击【拆分】按钮，将此行代码更改为"<td height="56" colspan="3" background="file:///E|/配送资源/素材/Cha06/靓图王网页设计/03.png"></td>"，将其设置为单元格的背景图片，如图6-88所示。

图6-88

Step 16 单击【设计】按钮。在单元格中插入一个1行7列的表格，将【宽】设置为100%，如图6-89所示。

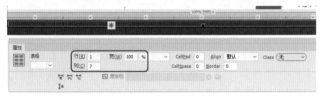

图6-89

Step 17 选中新插入的所有单元格，将【水平】设置为【居中对齐】，【高】设置为56，然后调整单元格的线框，将其与背景图片的竖线基本对齐，如图6-90所示。

图6-90

Step 18 继续设置CSS样式，将Font-family设置为【微软雅黑】，Font-size设置为20px，字体颜色设置为白色，在单元格中输入文字，如图6-91所示。

图6-91

Step 19 在空白位置单击，然后在菜单栏中选择【插入】|Div命令，在弹出的【插入Div】对话框中，将ID设置为div01，如图6-92所示。

图6-92

Step 20 单击【新建CSS规则】按钮，在弹出的【新建CSS规则】对话框中，使用默认参数，然后单击【确定】按钮，如图6-93所示。

图6-93

Step 21 在弹出的对话框中，在【分类】列表框中选择【定位】选项，将Position设置为absolute，单击【确定】按钮，如图6-94所示。

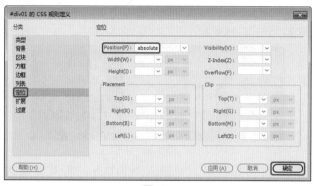

图6-94

Step 22 返回到【插入Div】对话框，单击【确定】按钮，在页面中插入Div。选中插入的div01，在【属性】面板中，将【上】设置为169px，【宽】设置为1000px，【高】设置为352px，如图6-95所示。

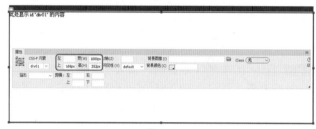

图6-95

Step 23 将div01中的文字删除，然后插入一个2行3列的表格，将【宽】设置为100%，如图6-96所示。

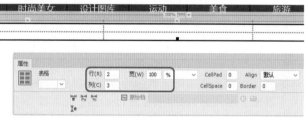

图6-96

Step 24 选中第一列的两个单元格，单击【合并所选单元格，使用跨度】按钮，将其合并为一个单元格，将【宽】设置为272，【高】设置为352，然后将其他4个单元格的【高】都设置为176，并将【水平】设置为【居中对齐】，效果如图6-97所示。

图6-97

Step 25 参照前面的操作步骤，在各个单元格中插入素材图像，如图6-98所示。

图6-98

Step 26 使用相同的方法插入新的Div，将其命名为div02，将【上】设置为534px，【宽】设置为121px，【高】设置为35px，如图6-99所示。

图6-99

Step 27 将div02中的文字删除，插入一个1行1列、宽为100%的表格。新建一个CSS样式，将Font-family设置为【微软雅黑】，Font-size设置为30px，字体颜色设置为#666666，单击【确定】按钮，如图6-100所示。

图6-100

Step 28 在【属性】面板中将【目标规则】设置为新建的CSS样式，然后输入文字，使用相同的方法插入新的Div，将其命名为div03，将【上】设置为576px，【宽】设置为230px，【高】设置为290px，如图6-101所示。

图6-101

Step 29 将div03中的文字删除，然后插入一个4行3列、宽为100%的表格，将单元格的【水平】设置为【居中对齐】，【垂直】设置为【居中】，【宽】设置为76，【高】设置为72，如图6-102所示。

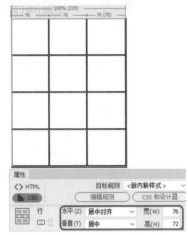

图6-102

Step 30 按Ctrl键选中如图6-103所示的单元格，将【背景颜色】设置为#BC52F3。

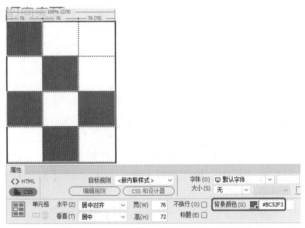

图6-103

Step 31 使用相同的方法，将其他几个单元格的【背景颜色】分别设置为#4FBAFF、#7A75F9，如图6-104所示。

图6-104

Step 32 在单元格中新建CSS样式，将Font-family设置为【微软雅黑】，Font-size设置为18px，Color设置为白色，输入文字，如图6-105所示。

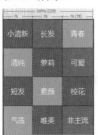

图6-105

Step 33 使用相同的方法插入新的Div，将其命名为div04，将【左】设置为258px，【上】设置为576px，【宽】设置为465px，【高】设置为290px，如图6-106所示。

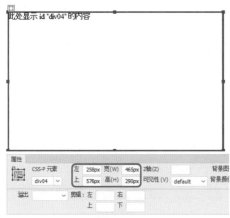

图6-106

Step 34 将div04中的文字删除，插入一个2行2列的表格，将【表格宽度】设置为100%，然后将第一列的两个单元格进行合并，如图6-107所示。

图6-107

Step 35 在单元格中分别插入素材图像，如图6-108所示。

图6-108

Step 36 使用相同的方法插入新的Div，将其命名为div05，将【左】设置为741px，【上】设置为576px，【宽】设置为260px，【高】设置为290px，如图6-109所示。

Step 37 将div05中的文字删除，插入一个3行3列的表格，将【宽】设置为100%，然后将最后一行的3个单元格合并，如图6-110所示。

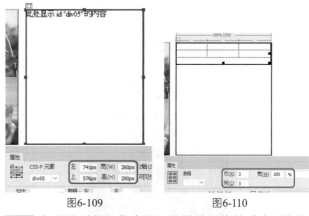

图6-109   图6-110

Step 38 参照前面的操作步骤，设置单元格的【水平】与【背景颜色】选项，并设置CSS样式，然后输入文字并插入素材图像，如图6-111所示。

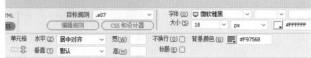

图6-111

Step 39 使用相同的方法插入其他Div，并编辑Div中的内容，如图6-112所示。

图6-112

实例 086 设计类网站设计

◎ 素材：素材\Cha06\设计网站
◎ 场景：场景\Cha06\实例086 设计网站.html

本例将讲解如何制作设计类的网站，主要使用插入表格和插入Div，以及插入图像素材的方法进行制作，具体操作方法如下，完成后的效果如图6-113所示。

图6-113

Step 01 启动软件后，按Ctrl+N组合键，弹出【新建文档】对话框，将【文档类型】设置为HTML5，如图6-114所示。

图6-114

Step 02 单击【创建】按钮，进入工作界面后，在菜单栏中选择【插入】| Div 命令，打开【插入Div】对话框，在ID文本框中输入Div1，单击【新建CSS规则】按钮，如图6-115所示。

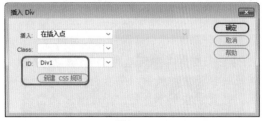

图6-115

Step 03 在弹出的【新建CSS规则】对话框中单击【确定】按钮，如图6-116所示。

图6-116

Step 04 在弹出的对话框中选择【分类】列表框中的【定位】选项，在右侧将Position设置为absolute，设置完成后单击【确定】按钮，如图6-117所示。

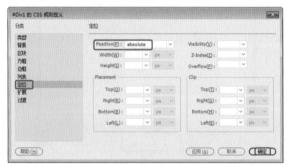

图6-117

Step 05 返回到【插入Div】对话框，单击【确定】按钮，即可在文档中插入一个Div。在文档中选中插入的Div，在【属性】面板中将【宽】设置为1000 px，如图6-118所示。

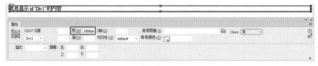

图6-118

Step 06 将Div表单中的文字删除，按Ctrl+Alt+T 组合键，打开Table对话框，将【行数】设置为3，【列】设置为1，将【表格宽度】设置为1000像素，其他参数均设置为0，单击【确定】按钮，如图6-119所示。

Step 07 将光标从上到下分别置入单元格中，在【属性】面板中，分别对各个单元格的【高】进行设置，分别为80、409、50，效果如图6-120所示。

Step 08 将光标插入到第一行单元格中，在【属性】面板中单击【拆分单元格为行或列】按钮，即可弹出【拆分单元格】对话框，选中【列】单选按钮，将【列数】设置为2，单击【确定】按钮，如图6-121所示。

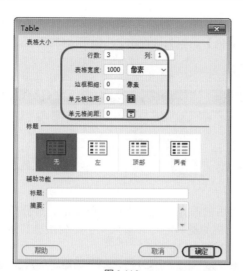

图6-119

图6-120

图6-121

◎提示•◎

　　在拆分单元格时，可以在【属性】面板中单击【拆分单元格为行或列】按钮，也可以使用Ctrl+Alt+S组合键。

Step 09 将第一行单元格的【背景颜色】设置为#333333，将光标插入至上一步拆分单元格的左侧单元格中，按Ctrl+Alt+I组合键，打开【选择图像源文件】对话框，选择【素材\Cha06\设计网站\网站标题.png】素材文件，单击【确定】按钮。在【属性】面板中，将【宽】设置为200px，【高】设置为43px，如图6-122所示。

图6-122

Step 10 将光标插入至上一步带有素材的单元格中，在【属性】面板中将【宽】设置为520，如图6-123所示。

图6-123

Step 11 选中右侧的单元格，使用前面介绍的方法插入一个1行4列、表格宽度为497像素的表格，并输入文字，在【属性】面板中将文字的【大小】设置为18px，颜色设置为白色，【水平】设置为【居中对齐】，效果如图6-124所示。

图6-124

Step 12 将光标置于第二行单元格中，切换至【拆分】视图，输入如图6-125所示的代码。

图6-125

Step 13 将光标置于第三行单元格中，在【属性】面板中将【背景颜色】设置为#333333，如图6-126所示。

图6-126

Step 14 按Ctrl+Alt+T组合键，弹出Table对话框，将【行数】、【列】分别设置为1、4，将【表格宽度】设置为100百分比，将【边框粗细】、【单元格边距】、【单元格间距】均设置为0，如图6-127所示。

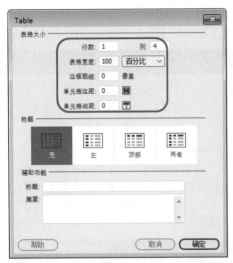

图6-127

单击【确定】按钮，选择新插入表格中的单元格，在【属性】面板中将【水平】设置为【居中对齐】，将【宽】设置为20%，在表格内输入相应的文本，将【大小】设置为18px，将【颜色】设置为#FFF，如图6-128所示。

图6-128

Step 16 将光标置于新插入表格的第二列单元格内，将【背景颜色】设置为#0066FF，如图6-129所示。

图6-129

Step 17 使用前面介绍的方法插入单元格，拆分单元格，设置单元格的宽和高，并输入文字，制作出其他效果，最终效果如图6-130所示。

图6-130

第 **7** 章 旅游交通类网页设计

 本章导读

　　本章将介绍旅游交通类网页设计，其中包括欢乐谷网页设计、旅游网站设计、天气预报网网页设计以及山东交通信息网网页设计。

实例 **087** 欢乐谷网页设计

● 素材：素材\Cha07\欢乐谷网页设计
● 场景：场景\Cha07\实例087 欢乐谷网页设计.html

本例将介绍如何制作欢乐谷网页，在制作过程中主要应用Div进行设置，对于网页的布局是本例的学习重点，具体操作方法如下，完成后的效果如图7-1所示。

图7-1

Step 01 启动软件后，新建【文档类型】为HTML5的文档。在【属性】面板中单击CSS按钮，然后单击【页面属性】按钮，弹出【页面属性】对话框，在【分类】列表框中选择【外观（CSS）】选项，将【左边距】、【右边距】、【上边距】、【下边距】都设置为0，如图7-2所示。

图7-2

Step 02 设置完成后单击【确定】按钮，在菜单栏中选择【插入】| Div 命令，弹出【插入Div】对话框，将ID设置为H1，单击【新建CSS规则】按钮，如图7-3所示。

图7-3

Step 03 弹出【新建CSS规则】对话框，保持默认设置，

单击【确定】按钮，在弹出的【#H1的CSS规则定义】对话框中选择【定位】选项，将Position设置为absolute，单击【确定】按钮，如图7-4所示。

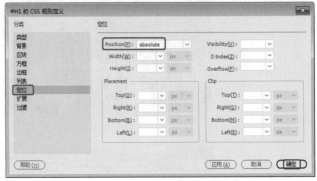

图7-4

Step 04 返回至【插入Div】对话框，单击【确定】按钮，选中插入的div，在【属性】面板中将【左】、【上】分别设置为1px、0px，将【宽】、【高】分别设置为1006px、45px，如图7-5所示。

图7-5

Step 05 删除多余的文本内容，按Ctrl+Alt+T组合键，弹出Table对话框，将【行数】设置为1，将【列】设置为2，将【表格宽度】设置为99百分比，将【边框粗细】、【单元格边距】、【单元格间距】均设置为0，单击【确定】按钮，如图7-6所示。

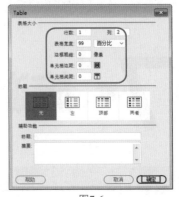

图7-6

Step 06 将光标置于第一列单元格中，在【属性】面板中将【水平】设置为【居中对齐】，将【垂直】设置为【居中】，将【宽】设置为18%，将【高】设置为45，将【背景颜色】设置为#F23304，如图7-7所示。

Step 07 在第一列单元格中输入文字，在【属性】面板中将【字体】设置为【微软雅黑】，将【大小】设置为18px，将【字体颜色】设置为白色，完成后的效果如图7-8所示。

Dreamweaver 网页设计与制作 完全实训手册

图7-7

图7-8

Step 08 将光标置于第二列单元格中，在【属性】面板中，将【水平】设置为【右对齐】，将【垂直】设置为【居中】，将【宽】设置为82，将【背景颜色】设置为#F23304，如图7-9所示。

图7-9

Step 09 将光标置于第二列单元格中，按Ctrl+Alt+I组合键，分别置入【素材\Cha07\欢乐谷网页设计\图标1.png、图标2.png】素材文件。在【属性】面板中将【图标1.png】的【宽】和【高】分别设置为20px、22px，配合空格键调整对象，如图7-10所示。

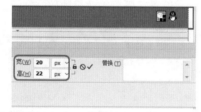

图7-10

Step 10 将光标置于素材图片的左侧，配合空格键输入文字，将【字体】设置为【微软雅黑】，将【大小】设置为14px，将【字体颜色】设置为白色，完成后的效果如图7-11所示。

图7-11

Step 11 使用相同的方法插入新的Div，将其命名为H2，【宽】设置为1006px，【高】设置为50px，【左】设置为1px，【上】设置为45px。将H2中的文字删除，然后插入一个1行6列的表格，将【宽】设置为99%。选

中所有单元格，将【水平】设置为【居中对齐】，将【宽】、【高】分别设置为150、50，如图7-12所示。

图7-12

Step 12 将单元格的【背景颜色】从左到右依次设置为#fc8800、#e60012、#9cc813、#0068b7、#9b0483、#D85EE4，依次输入文本内容，将【字体】设置为【微软雅黑】，将【大小】设置为18px，将颜色设置为#FFF，如图7-13所示。

图7-13

Step 13 在上一个表格的下方创建一个1行1列的单元格，将表格宽度设置为100百分比。切换至【拆分】视图，输入代码，如图7-14所示。

```
53        </table>
54      </div>
55  ▼ <table width="100%" border="0" cellspacing="0" cellpadding="0">
56  ▼    <tbody>
57  ▼      <tr>
58            <td height="824"> </td>
59          </tr>
60        </tbody>
61      </table>
```

图7-14

Step 14 在单元格内插入【素材\Cha07\欢乐谷网页设计\1.png】素材文件，在【属性】面板中将【宽】、【高】分别设置为995px、824px，如图7-15所示。

图7-15

Step 15 使用前面讲过的方法创建一个活动的Div，将ID设置为H3，选择创建的Div，在【属性】面板中将【左】、【上】、【宽】、【高】分别设置为0px、303px、45px、230px，效果如图7-16所示。

图7-16

◎提示·◦

　　左：Div距离左侧的边距。

　　上：Div距离上侧的边距。

　　插入点不同，【左】和【上】的数值也不同。

　　【宽】和【高】表示Div的大小。

Step 16 将光标置于上一步创建的Div中，将多余的文字删除，按Ctrl+Alt+I组合键，置入【2.png】素材文件，将【宽】、【高】分别设置为45px、230px，如图7-17所示。

图7-17

Step 17 再次插入一个活动的Div，将ID设置为H4，选择创建的Div，在【属性】面板中将【左】、【上】、【宽】、【高】分别设置为0px、799px、996px、70px，将【背景颜色】设置为#241e42，如图7-18所示。

图7-18

Step 18 删除多余的文本，将光标置于上一步创建的Div中，按Ctrl+Alt+T组合键，插入一个1行3列的表格，设置表格宽度为100%，如图7-19所示。

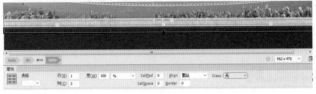

图7-19

Step 19 将光标置于第一列单元格中，在【属性】面板中将【水平】设置为【居中对齐】，将【宽】和【高】分别设置为166、70，如图7-20所示。

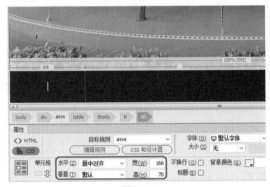

图7-20

Step 20 确认光标在第一列单元格中，按Ctrl+Alt+I组合键，弹出【选择图像源文件】对话框，选择素材文件夹中的【6.png】文件，将【宽】、【高】分别设置为150px、52px，设置完成后的效果如图7-21所示。

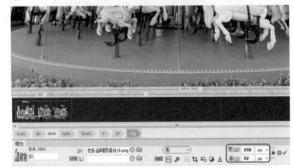

图7-21

Step 21 将光标置于第二列单元格中，在【属性】面板中单击【拆分单元格为行或列】按钮，弹出【拆分单元格】对话框，选中【行】单选按钮，将【行数】设置为3，如图7-22所示。

◎提示·◦

　　除了上述拆分单元格的方法外，用户还可以单击鼠标右键，在弹出的快捷菜单中选择 Table|【拆分单元格】命令，也可以按Ctrl+Alt+S组合键对单元格进行拆分。

图7-22

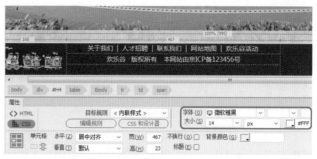

图7-25

Step 22 单击【确定】按钮，在场景中选择所有的单元格，在【属性】面板中将【水平】设置为【居中对齐】，将【宽】和【高】分别设置为467、23，如图7-23所示。

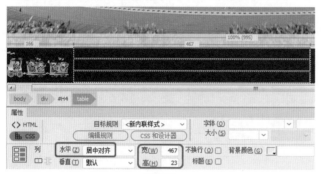

图7-23

Step 23 将光标置于拆分后的第一行单元格中，输入文字，在【属性】面板中将【字体】设置为【微软雅黑】，将【大小】设置为14px，将【字体颜色】设置为白色，配合空格键输入文字，完成后的效果如图7-24所示。

图7-24

Step 24 将光标置于第二行单元格中，在表格中输入文字，将【字体】设置为【微软雅黑】，将【大小】设置为14px，将【字体颜色】设置为白色，效果如图7-25所示。

Step 25 在第三行单元格中输入文字，并设置与第二行单元格相同的属性，完成后的效果如图7-26所示。

图7-26

Step 26 将光标置于第三列单元格中，在【属性】面板中，将【水平】设置为【居中对齐】，使用前面讲过的方法输入文本并进行设置，完成后的效果如图7-27所示。

图7-27

Step 27 将光标定位到欢乐谷旋转木马表格的右侧，再次插入一个可以活动的Div，将ID设置为H5。选择创建的Div，在【属性】面板中将【左】、【上】、【宽】、【高】分别设置为10px、760px、350px、39px，如图7-28所示。

图7-28

Step 28 继续选择上一步创建的Div，删除多余的文本，选中创建的Div，在【属性】面板中，单击【背景图像】右侧的 按钮，弹出【选择图像源文件】对话框，选择【素材\Cha07\欢乐谷网页设计\3.png】素材文件，单击【确定】按钮，效果如图7-29所示。

图7-29

Step 29 将光标置于上一步创建的Div中，按Ctrl+Alt+T 组合键，插入一个1行2列的表格，将表格宽度设置为 100%，如图7-30所示。

图7-30

Step 30 将光标置于第一列单元格中，在【属性】面板 中，将【水平】设置为【居中对齐】，将【宽】、 【高】分别设置为120、39，如图7-31所示。

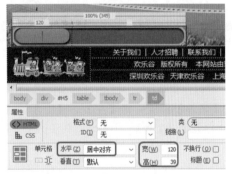

图7-31

Step 31 将光标置于第一列单元格中，输入文字【欢乐谷 公告】，在【属性】面板中将【字体】设置为【微软雅 黑】，将【大小】设置为18px，将【字体颜色】设置为 #012e20，如图7-32所示。

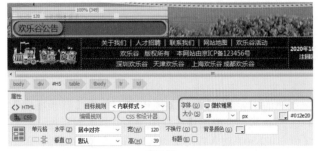

图7-32

Step 32 将光标置于第二列单元格中，在【属性】面板中 将【水平】设置为【居中对齐】，并在表格中输入文字 【全民享有暑期优惠】，将【字体】设置为【微软雅 黑】，将【大小】设置为16px，将【字体颜色】设置为 白色，如图7-33所示。

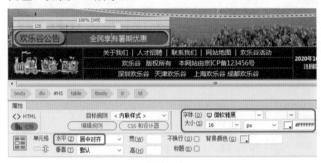

图7-33

Step 33 再次插入一个可以活动的Div，将ID名称设置为 H6，选择创建的Div，在【属性】面板中将【左】、 【上】、【宽】、【高】分别设置为395px、755px、 274px、44px，如图7-34所示。

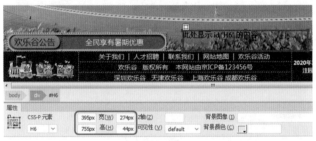

图7-34

Step 34 继续在【属性】面板中单击【背景图像】右边的 【浏览文件】按钮，弹出【选择图像源文件】对话框， 选择【4.png】素材文件，单击【确定】按钮，添加素材 背景后的效果如图7-35所示。

图7-35

Step 35 将光标置于上一步创建的Div中，将多余的文字删 除，并在其内插入一个1行1列、表格宽度为100百分比 的表格，选择插入的表格，在【属性】面板中，将【水 平】设置为【居中对齐】，将【高】设置为40，如 图7-36所示。

Step 36 在表格内输入文字【最新消息】，将【字体】设 置为【微软雅黑】，将【大小】设置为18px，将【字体 颜色】设置为#012E20，效果如图7-37所示。

图7-36

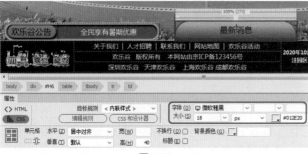

图7-37

Step 37 再次插入一个可以活动的Div，选择创建的Div，将ID名称设置为H7，在【属性】面板中将【左】、【上】、【宽】、【高】分别设置为710px、757px、267px、41px，如图7-38所示。

图7-38

Step 38 继续选择创建的Div，在【属性】面板中单击【背景图像】右边的【浏览文件】按钮 □，弹出【选择图像源文件】对话框，选择【5.png】素材文件，添加素材背景后的效果如图7-39所示。

图7-39

Step 39 将光标置于上一步创建的Div中，将多余的文字删除，并在其内插入一个1行1列的单元格，在【属性】面板中，将【水平】设置为【居中对齐】，将【高】设置为40，完成后的效果如图7-40所示。

Step 40 在表格内输入文字【运营时间】，将【字体】设置为【微软雅黑】，将【大小】设置为16px，将【字体

颜色】设置为白色，完成后的效果如图7-41所示。

图7-40

图7-41

实例 ⑧88 旅游网站设计

⊙ 素材：素材\Cha07\旅游网站
⊙ 场景：场景\Cha07\实例088 旅游网站.html

本实例将介绍如何制作旅游网站，该实例主要通过插入表格、图像，输入文字并应用CSS样式等操作来完成网站主页的制作，如图7-42所示。

图7-42

Step 01 按Ctrl+N组合键，在弹出的对话框中选择【新建文档】选项，在【文档类型】列表框中选择HTML，在【框架】列表框中选择【无】，将【文档类型】设置为HTML 4.01 Transitional，如图7-43所示。

图7-43

Step 02 设置完成后，单击【创建】按钮，在【属性】面板中单击【页面属性】按钮，在弹出的对话框中选择【外观（HTML）】选项，将【左边距】设置为0.5，如图7-44所示。

图7-44

Step 03 设置完成后，单击【确定】按钮，按Ctrl+Alt+T组合键，在弹出的对话框中将【行数】、【列】分别设置为13、1，将【表格宽度】设置为970像素，如图7-45所示。

图7-45

Step 04 单击【确定】按钮，插入表格后的效果如图7-46所示。

图7-46

Step 05 将光标置于第一行单元格中，按Ctrl+Alt+T组合键，在弹出的对话框中将【行数】、【列】分别设置为2、9，将【表格宽度】设置为970像素，如图7-47所示。

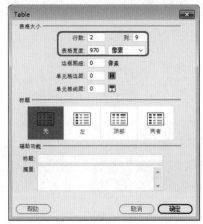

图7-47

Step 06 设置完成后，单击【确定】按钮，选中第一行的第一列和第二列单元格，右击，在弹出的快捷菜单中选择【表格】|【合并单元格】命令，如图7-48所示。

图7-48

⊙提示·⊙

合并单元格的快捷键是Ctrl+Alt+M。

Step 07 继续将光标置于合并后的单元格中，输入文字，选中输入的文字，右击，在弹出的快捷菜单中选择【CSS样式】|【新建】命令，如图7-49所示。

图7-49

Step 08 在弹出的对话框中将【选择器名称】设置为wz1，如图7-50所示。

图7-50

Step 09 设置完成后，单击【确定】按钮，在弹出的对话框中将Font-size设置为12px，如图7-51所示。

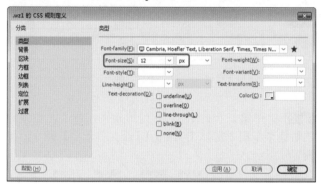

图7-51

Step 10 设置完成后，单击【确定】按钮，继续选中该文字，在【属性】面板中为其应用.wz1样式，将【水平】、【垂直】分别设置为【左对齐】、【顶端】，将【高】设置为20，如图7-52所示。

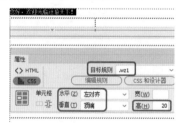

图7-52

Step 11 继续在第一行的其他列单元格中输入文字，为其应用.wz1样式，并调整单元格的宽度、设置属性，效果如图7-53所示。

◎提示•。

　　在对文字应用样式时，应单个选择每个单元格的文字应用样式，选择多个则无效。

Step 12 将光标置于第二行的第一列单元格中，在【属性】面板中将【宽】设置为236，将第二列单元格的宽度设置为278，效果如图7-54所示。

图7-53

图7-54

Step 13 将光标置于第二行的第一列单元格中，新建一个名为.bk1的CSS样式，在弹出的对话框中选择【边框】选项，取消选中Style、Width、Color下的【全部相同】复选框，将Top右侧的Style、Width、Color分别设置为solid、thin、#CCC，如图7-55所示。

图7-55

Step 14 设置完成后，单击【确定】按钮，选中第二行的第一列单元格，为其应用.bk1样式，如图7-56所示。

图7-56

Step 15 继续将光标置于该单元格中，按Ctrl+Alt+I组合键，在弹出的对话框中选择【素材\Cha07\旅游网站\logo.png】素材文件，单击【确定】按钮。选中插入的素材文件，在【属性】面板中将【宽】、【高】分别设置为183、54px，并将单元格的【水平】设置为【居中对齐】，如图7-57所示。

图7-57

Step 16 选中第二行的第二列单元格，为其应用.bk1样式，将光标置于该单元格中，输入文字，选中输入的文字，右击，在弹出的快捷菜单中选择【CSS样式】|【新建】命令，如图7-58所示。

图7-58

Step 17 在弹出的对话框中将【选择器名称】设置为ggy，如图7-59所示。

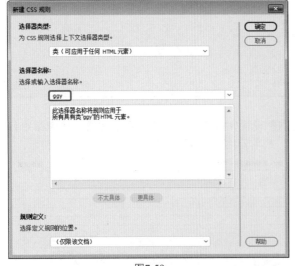

图7-59

Step 18 设置完成后，单击【确定】按钮，在弹出的对话框中将Font-family设置为【微软雅黑】，将Font-size设置为16px，将Color设置为#333，如图7-60所示。

图7-60

Step 19 设置完成后，单击【确定】按钮，在【属性】面板中为该文字应用新建的CSS样式，效果如图7-61所示。

图7-61

Step 20 选中第二行的第三~九列单元格，右击，在弹出的快捷菜单栏中选择【表格】|【合并单元格】命令，如图7-62所示。

图7-62

Step 21 选中合并后的单元格，在【属性】面板中为其应用.bk1样式，将【水平】设置为【右对齐】，如图7-63所示。

图7-63

Dreamweaver 网页设计与制作 完全实训手册

Step 22 将光标置于该单元格中，输入【24】，新建一个.wz2 样式，在【.wz2的CSS规则定义】对话框中将Font-family设置为【微软雅黑】，将Font-size设置为20px，将Font-weight设置为bold，将Color设置为#F90，如图7-64所示。

图7-64

Step 23 设置完成后，单击【确定】按钮，为该文字应用新建的CSS样式，效果如图7-65所示。

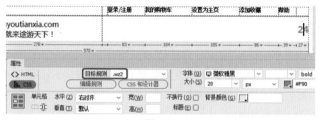

图7-65

Step 24 继续将光标置于该文字的后面，并输入文字，选中输入的文字，在【属性】面板中为其应用.wz1样式，效果如图7-66所示。

图7-66

⊙提示·°

　　由于在"24"后面输入文字时，新输入的文字会应用前面文字的CSS样式，所以在应用.wz1 样式之前，需要选中该文字，在【属性】面板中单击【目标规则】右侧的下三角按钮，在弹出的下拉列表中选择【删除类】选项即可。

Step 25 将光标置于【24 小时服务热线】文本的右侧，继续输入【（全年无休）】，选中此文字，新建一个名为.wz3的样式，在弹出的对话框中将Font-size设置为12px，将Color设置为#999，如图7-67所示。

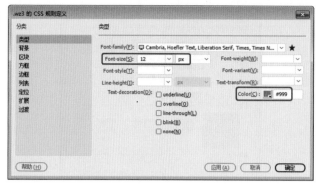

图7-67

Step 26 设置完成后，单击【确定】按钮，继续选中该文字，为该文字应用新建的CSS样式，效果如图7-68所示。

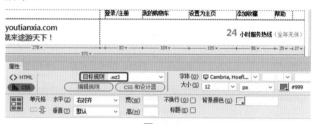

图7-68

Step 27 将光标置于该文字的右侧，按Shift+Enter组合键，另起一行，输入文字，选中输入的文字，为其应用.wz2 样式，效果如图7-69所示。

图7-69

Step 28 继续在该单元格中输入文字，并为输入的文字应用.wz3样式，效果如图7-70所示。

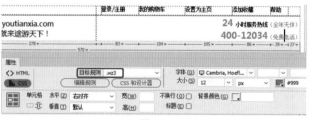

图7-70

Step 29 将光标置于第三行单元格中，按Ctrl+Alt+T组合键，在弹出的对话框中将【行数】、【列】分别设置为1、17，将【表格宽度】设置为970像素，如图7-71所示。

图7-71

Step 30 设置完成后，单击【确定】按钮，选中所有的单元格，在【属性】面板中将【高】设置为40，将【背景颜色】设置为#9ED034，如图7-72所示。

图7-72

Step 31 在设置好的单元格中输入文字，并调整单元格的宽度，效果如图7-73所示。

图7-73

Step 32 新建.dhwz样式，在弹出的对话框中将Font-size设置为18px，将Font-weight设置为bold，将Color设置为#FFF，如图7-74所示。

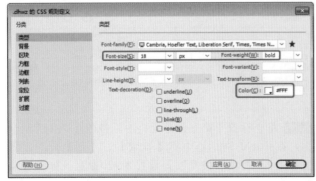

图7-74

Step 33 再在该对话框中选择【区块】选项，将Text-align设置为center，如图7-75所示。

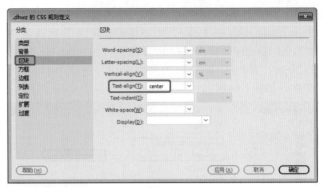

图7-75

◎知识链接·◎

【区块】界面中各选项功能介绍如下。

Word-spacing： 用于设置单词的间距。可以指定为负值，但显示方式取决于浏览器。Dreamweaver不在文档窗口中显示此属性。

Letter- spacing： 增大或减小字母或字符的间距。输入正值表示增大，输入负值表示减小。字母间距设置覆盖对齐的文本设置。Internet Explorer 4和更高版本以及 Netscape Navigator 6支持Letter- spacing属性。

Vertical-align： 指定应用此属性的元素的垂直对齐方式。Dreamweaver仅在将该属性应用于<img>标签时，才在文档窗口中显示。

Text-align： 设置文本在元素内的对齐方式。

Text-indent： 指定第一行文本的缩进程度。可以使用负值创建凸出，但显示方式取决于浏览器。仅当标签应用于块级元素时，Dreamweaver才在文档窗口中显示。

White-space： 确定如何处理元素中的空白。Dreamweaver不在文档窗口中显示此属性。在下拉列表中可以选择以下3个选项：normal，收缩空白；pre，其处理方式与文本被括在pre标签中一样（即保留所有空白，包括空格、制表符和回车）；nowrap，指定仅当遇到br标签时文本才换行。

Display： 指定是否以及如何显示元素。none选项表示禁用该元素的显示。

Step 34 设置完成后，单击【确定】按钮，继续选中该文字，为其应用新建的CSS样式，效果如图7-76所示。

图7-76

Step 35 将光标置于第四行单元格中，在【属性】面板中将【高】设置为6，切换至【拆分】视图，删除" "代码，如图7-77所示。

图7-77

图7-80

Step 36 将光标置于第五行单元格中，按Ctrl+Alt+I组合键，弹出【选择图像源文件】对话框，选择【素材\Cha07\旅游网站\025.jpg】素材文件，完成后的效果如图7-78所示。

图7-78

Step 37 将第六行单元格的【高】设置为10，切换至【拆分】视图，删除" "代码，效果如图7-79所示。

图7-79

Step 38 设置完成后，单击【确定】按钮，继续将光标置于第七行单元格中，按Ctrl+Alt+T组合键，在弹出的对话框中将【行数】、【列】分别设置为3、2，将【表格宽度】设置为970像素，将【单元格间距】设置为13，如图7-80所示。

Step 39 设置完成后，单击【确定】按钮，将光标置于新插入表格中的第一行的第一列单元格中，输入【想去哪里？】，新建.wz4样式，将Font-family设置为【微软雅黑】，将Font-size设置为20px，并为文本应用.wz4样式，在【属性】面板中将【宽】设置为268，如图7-81所示。

图7-81

Step 40 将光标置于第一列的第二行单元格中，新建.bk2样式，在【.bk2的CSS规则定义】对话框中选择【边框】选项，将Top右侧的Style、Width、Color分别设置为solid、thin、#b4dff5，如图7-82所示。

图7-82

Step 41 设置完成后，单击【确定】按钮，选中该单元格，为其应用新建的CSS样式，效果如图7-83所示。

01
02
03
04
05
06
07
08
09

第7章 旅游交通类网页设计

135

图7-83

Step 42 将光标置于该单元格中，按Ctrl+Alt+T组合键，在弹出的对话框中将【行数】、【列】分别设置为4、3，将【表格宽度】设置为100百分比，将【单元格间距】设置为0，如图7-84所示。

图7-84

Step 43 设置完成后，单击【确定】按钮，选中第一列的单元格，在【属性】面板中将【水平】设置为【居中对齐】，将【宽】、【高】分别设置为72、50，如图7-85所示。

图7-85

Step 44 继续将光标置于该单元格中，新建.bk3样式，在【.bk3的CSS规则定义】对话框中选择【边框】选项，

取消选中Style、Width、Color下的【全部相同】复选框，将Bottom右侧的Style、Width、Color分别设置为solid、thin、#EBEBEB，如图7-86所示。

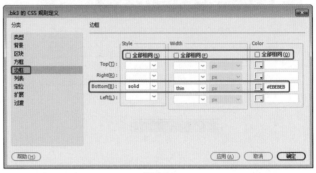

图7-86

Step 45 设置完成后，单击【确定】按钮，为第一行的第一列至第三行的第三列单元格应用新建的CSS样式，效果如图7-87所示。

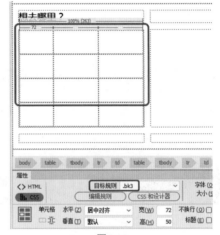

图7-87

Step 46 将光标置于第一行的第一列单元格中，按Ctrl+Alt+I组合键，在弹出的对话框中选择【图标01.png】素材文件，单击【确定】按钮，在【属性】面板中将该素材文件的【宽】、【高】都设置为35px，如图7-88所示。

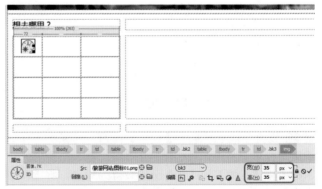

图7-88

Step 47 使用同样的方法将其他素材文件插入该图像下方的单元格中，并设置其大小，效果如图7-89所示。

图7-89

Step 48 将光标置于第一行的第二列单元格中，在该单元格中输入【当季推荐】，选中该文字，新建.wz5样式，在【.wz5的CSS规则定义】对话框中将Font-family设置为【微软雅黑】，将Font-size设置为14px，将Color设置为#333，如图7-90所示。

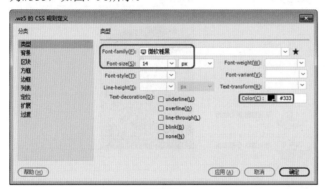

图7-90

Step 49 设置完成后，单击【确定】按钮，为该文字应用新建的CSS样式，在【属性】面板中将【宽】设置为158，效果如图7-91所示。

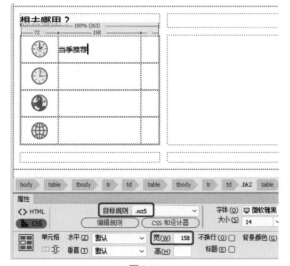

图7-91

Step 50 将光标置于第一行的第三列单元格中，输入【>】，选中输入的符号，新建.wz6样式，在【.wz6的CSS规则定义】对话框中将Font-family设置为【方正琥珀简体】，将Font-size设置为18px，将Color设置为#CCC，如图7-92所示。

图7-92

Step 51 设置完成后，单击【确定】按钮，为输入的符号应用.wz6样式，将【宽】设置为34，如图7-93所示。

图7-93

Step 52 使用同样的方法制作其他单元格并输入文字，设置应用相应的样式.wz7、.wz8，效果如图7-94所示。

图7-94

Step 53 将光标置于第一行的第二列单元格中，输入【热点推荐】文本，为该文字应用.wz4样式，将【宽】设置为663，效果如图7-95所示。

图7-95

Step 54 选中第二列的第二行与第三行单元格，按Ctrl+Alt+M组合键，对其进行合并，将光标置于合并后的单元格中，按Ctrl+Alt+T组合键，在弹出的对话框中将【行数】、【列】分别设置为4、3，将【表格宽度】设置为663像素，如图7-96所示。

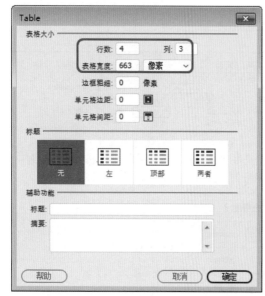

图7-96

Step 55 设置完成后，单击【确定】按钮，选中第一列的3行单元格，按Ctrl+Alt+M组合键进行合并，将光标置于合并后的单元格中，在【属性】面板中将【宽】、【高】分别设置为221、300，如图7-97所示。

Step 56 继续将光标置于该单元格中，按Ctrl+Alt+I组合键，在弹出的对话框中选择【012.jpg】素材文件，单击

【确定】按钮，在【属性】面板中将【宽】、【高】分别设置为221px、300px，如图7-98所示。

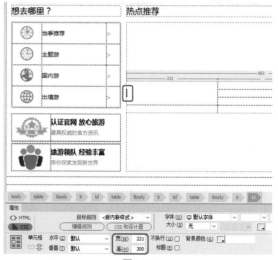

图7-97

图7-98

Step 57 将光标置于第一列的第二行单元格中，输入【品味独具特色的非洲生活】文字，选中输入的文字，新建.wz9样式，在【.wz9的CSS规则定义】对话框中将Font-family设置为【微软雅黑】，将Font-size设置为14px，将Color设置为#0066cc，如图7-99所示。

图7-99

138

Step 58 在该对话框中选择【区块】选项，将Letter-spacing设置为3px，如图7-100所示。

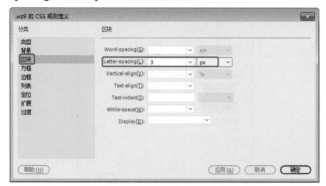

图7-100

Step 59 设置完成后，单击【确定】按钮，为该文字应用新建的CSS样式，在【属性】面板中将【高】设置为56，如图7-101所示。

图7-101

Step 60 使用同样的方法在该表格中继续输入文字并插入图像，对表格的属性进行相应的设置，效果如图7-102所示。

图7-102

Step 61 根据前面所介绍的知识继续制作网页中的其他内容，效果如图7-103所示。

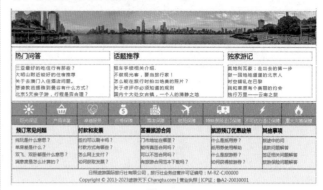

图7-103

实例 **089** 天气预报网网页设计

● 素材：素材\Cha07\天气预报网
● 场景：场景\Cha07\实例089 天气预报网.html

本例将介绍如何制作天气预报网，主要使用Table命令对场景进行布局，然后在插入的表格内进行相应的设置，完成后的效果如图7-104所示。

图7-104

Step 01 启动软件后，按Ctrl+N组合键，打开【新建文档】对话框，在该对话框中选择【新建文档】选项，然后选择【文档类型】列表框中的HTML选项，将【框架】设置为【无】，如图7-105所示。

Step 02 单击【创建】按钮，即可创建空白的场景文件，按Ctrl+Alt+T组合键打开Table对话框，在该对话框中将【行数】、【列】均设置为1，将【表格宽度】设置为800像素，其他参数均设置为0，如图7-106所示。

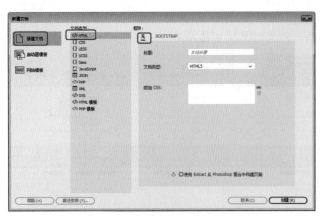

图7-105

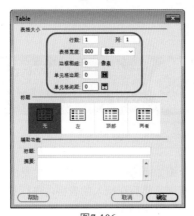

图7-106

Step 03 单击【确定】按钮即可创建表格，确定插入的表格处于选中状态，在【属性】面板中将Align设置为【居中对齐】，如图7-107所示。

图7-107

Step 04 将光标置入单元格内，按Ctrl+Alt+I组合键打开【选择图像源文件】对话框，在弹出的对话框中选择【素材\Cha07\天气预报网\标题.jpg】素材图片，单击【确定】按钮，即可将选择的素材图片插入到表格中，完成后的效果如图7-108所示。

图7-108

Step 05 将光标置入表格的右侧，按Ctrl+Alt+T组合键打开Table对话框，在该对话框中将【行数】、【列】分别设置为1、15，将【表格宽度】设置为800像素，其他保

持默认设置，如图7-109所示。

图7-109

Step 06 单击【确定】按钮，然后选择插入的表格，在【属性】面板中将Align设置为【居中对齐】。将第二、四、六、八、十、十二、十四列单元格的【宽】设置为98，将【高】设置为40，将第三、五、七、九、十一、十三列单元格的【宽】设置为5，将除第二列单元格外其他单元格的【背景颜色】均设置为#3E91DD，将第二列单元格的【背景颜色】设置为#0066CC，完成后的效果如图7-110所示。

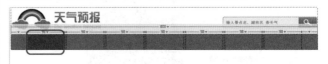

图7-110

Step 07 在第二列单元格中右击，在弹出的快捷菜单中选择【CSS样式】|【新建】命令，弹出【新建CSS规则】对话框，在该对话框中将【选择器名称】设置为dhwz，如图7-111所示。

图7-111

Step 08 单击【确定】按钮，在弹出的对话框中将Font-size

设置为16px，将Font-weight设置为bold，将Color设置为#FFF，如图7-112所示。

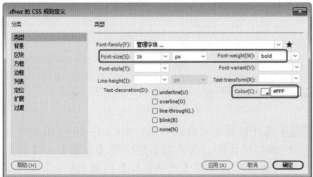

图7-112

◎提示·◦

【类型】界面中各选项功能介绍如下。

Font-family：为样式设置字体。

Font-size：定义文本大小。可以通过选择数字和度量单位选择特定的大小，也可以选择相对大小。使用像素作为单位可以有效地防止浏览器扭曲文本。

Font-style：指定字体样式为normal（正常）、italic（斜体）和oblique（偏斜体），默认为normal。

Line-height：设置文本所在行的高度。选择normal将自动计算文字的行高。

Font-weight：对字体应用特定或相对的粗体量。

Font-variant：设置文本的小型大写字母变体。Dreamweaver不在文档窗口中显示此属性。Internet Explorer支持变体属性，但Navigator不支持。

Text-transform：将所选内容中的每个单词的首字母大写，或将文本设置为全部大写或小写。

Color：设置文本颜色。

Text-decoration：向文本中添加下划线、上划线、删除线或使文本闪烁。默认设置为无，链接的默认设置为下划线。

Step 09 在【分类】列表框中选择【区块】选项，在右侧的区域中将Text-align设置为center，如图7-113所示。

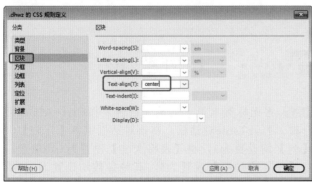

图7-113

Step 10 单击【确定】按钮，然后在单元格内输入文字，在【宽】为5的单元格内输入【|】，选择输入的文字和【|】，为其应用.dhwz样式，完成后的效果如图7-114所示。

图7-114

Step 11 将光标置入表格的右侧，按Ctrl+Alt+T组合键，打开Table对话框，在该对话框中将【行数】、【列】分别设置为1、2，将【表格宽度】设置为800像素，将【单元格间距】设置为8，其他参数均设置为0，如图7-115所示。

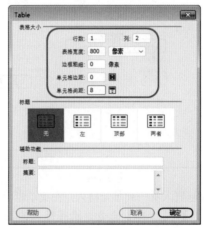

图7-115

Step 12 选择插入的表格，在【属性】面板中将Align设置为【居中对齐】，将第二列单元格的【宽】设置为633，完成后的效果如图7-116所示。

图7-116

Step 13 将光标置入第二列单元格内，单击鼠标右键，在弹出的快捷菜单中选择【CSS样式】|【新建】命令，弹

出【新建CSS规则】对话框，在该对话框中将【选择器名称】设置为A3，如图7-117所示。

图7-117

Step 14 单击【确定】按钮，在弹出的对话框中将Font-size设置为13px，将Color设置为#000，如图7-118所示。

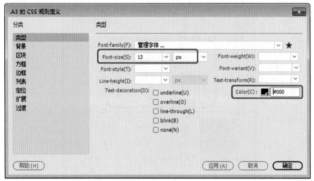

图7-118

Step 15 将光标置入第一列单元格内，在菜单栏中选择【插入】|【表单】|【选择】命令，选择插入的表单，单击【属性】面板中的【列表值】按钮，弹出【列表值】对话框，在该对话框中输入选项，如图7-119所示。

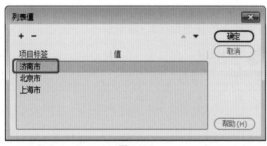

图7-119

Step 16 输入完成后单击【确定】按钮，将表单左侧的文字更改为【我的城市：】，选择输入的文字，在【属性】面板中将【目标规则】设置为.A3，然后在右侧的单元格内输入文字，将【目标规则】也设置为.A3，完成后的效果如图7-120所示。

图7-120

Step 17 将光标置入表格的右侧，按Ctrl+Alt+T组合键，打开Table对话框，在该对话框中将【行数】、【列】分别设置为1、2，将【表格宽度】设置为820像素，将【单元格间距】设置为10，其他参数均设置为0，如图7-121所示。

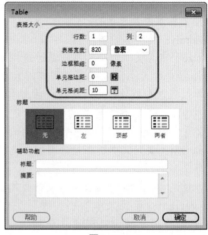

图7-121

Step 18 选择插入的表格，将Align设置为【居中对齐】，将第一列单元格的【宽】设置为540，将第二列单元格的【宽】设置为250，完成后的效果如图7-122所示。

图7-122

Step 19 将光标置入第一列单元格内，按Ctrl+Alt+T组合键，打开Table对话框，在该对话框中将【行数】、【列】均设置为3，将【表格宽度】设置为540像素，将【单元格边距】设置为5，其他参数均设置为0，如图7-123所示。

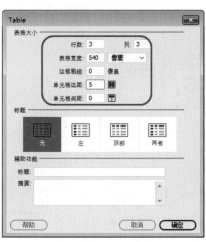

图7-123

Step 20 单击【确定】按钮，选中插入表格的第一行单元格，将【宽】、【高】分别设置为170、30，将【水平】设置为【居中对齐】。选择第二行单元格，将【宽】、【高】分别设置为170、25，将【背景颜色】设置为#9DD6FF，完成后的效果如图7-124所示。

图7-124

Step 21 右击，在弹出的快捷菜单中选择【CSS样式】|【新建】命令，弹出【新建CSS规则】对话框，在该对话框中将【选择器名称】设置为A2，其他保持默认设置，如图7-125所示。

图7-125

Step 22 单击【确定】按钮，在弹出的对话框中将Font-size设置为16px，将Font-weight设置为bold，将Color设置为#0066cc，如图7-126所示。

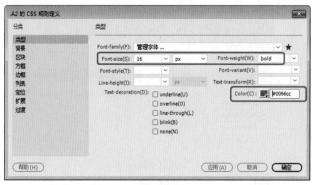

图7-126

Step 23 在插入的表格中的第一行、第二行单元格内输入文字，将第一行文字的【目标规则】设置为.A2，将第二行文字的【目标规则】设置为.A3，完成后的效果如图7-127所示。

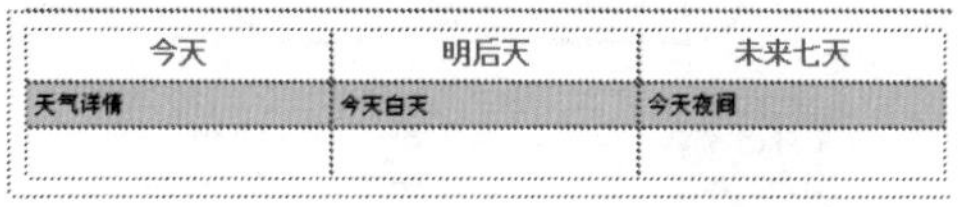

今天	明后天	未来七天
天气详情	今天白天	今天夜间

图7-127

Step 24 将光标置入第一列的第三行单元格内，将【水平】、【垂直】分别设置为【居中对齐】、【底部】。按Ctrl+Alt+T组合键，打开Table对话框，在该对话框中将【行数】、【列】分别设置为5、1，将【表格宽度】设置为100像素，其他参数均设置为0，如图7-128所示。

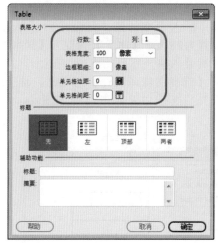

图7-128

Step 25 单击【确定】按钮，选择插入的单元格，将【高】设置为28，在单元格内输入文字，将文字的【目标规则】设置为.A3，完成后的效果如图7-129所示。

Step 26 将光标置入第二列的第三行单元格内，将【水平】设置为【居中对齐】。按Ctrl+Alt+T组合键，打开Table对话框，在该对话框中将【行数】、【列】分别设置为4、1，将【表格宽度】设置为160像素，其他参数均设置为0，如图7-130所示。

图7-129

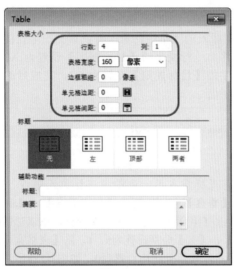

图7-130

Step 27 选择插入表格的第二行至第四行单元格，将【高】设置为28，将【水平】设置为【居中对齐】。然后将光标置入第一行单元格内，按Ctrl+Alt+I组合键，打开【选择图像源文件】对话框，选择【素材\Cha07\天气预报网\白天阴.jpg】素材图片，如图7-131所示。

图7-131

Step 28 单击【确定】按钮，选择插入的素材图片，在

【属性】面板中将【宽】、【高】分别设置为86px、59px，将其居中对齐，如图7-132所示。

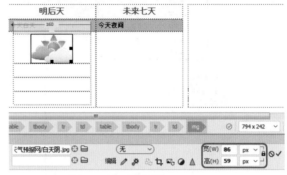

图7-132

Step 29 在第二行至第四行单元格中输入文字，将文字的【目标规则】设置为.A3，完成后的效果如图7-133所示。

图7-133

Step 30 将光标置入第三列的第三行单元格内，将【水平】设置为【居中对齐】，按Ctrl+Alt+T组合键，打开Table对话框，在该对话框中将【行数】、【列】分别设置为4、1，将【表格宽度】设置为160像素，其他参数均设置为0，如图7-134所示。

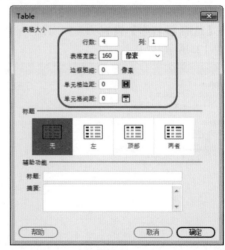

图7-134

Step 31 单击【确定】按钮，选择插入表格的第二行至第四行单元格，将【高】设置为28，将【水平】设置为

【居中对齐】。然后将光标置入第一行单元格内，按Ctrl+Alt+I组合键，打开【选择图像源文件】对话框，选择【素材\Cha07\天气预报网\夜间阴.jpg】素材图片，并将其居中，如图7-135所示。

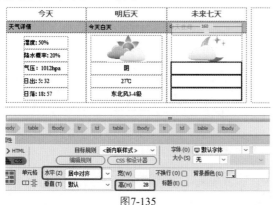

图7-135

Step 32 单击【确定】按钮，然后调整图片的大小，将【宽】、【高】分别设置为86、59。在其他单元格内输入文字，为文字应用.A3样式，完成后的效果如图7-136所示。

图7-136

Step 33 右击，在弹出的快捷菜单中选择【CSS样式】|【新建】命令，弹出【新建CSS规则】对话框，在该对话框中将【选择器名称】设置为ge1，如图7-137所示。

图7-137

Step 34 单击【确定】按钮，在【分类】列表框中选择【边框】选项。将Style下的【全部相同】复选框取消

选中，将Top、Right、Left都设置为solid，Bottom设置为none，将Width设置为thin，将Color设置为#09F，如图7-138所示。

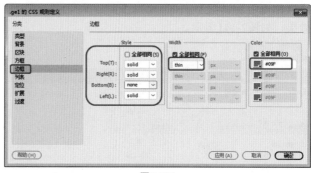

图7-138

Step 35 单击【确定】按钮，再次右击，在弹出的快捷菜单中选择【CSS样式】|【新建】命令，在弹出的对话框中将【选择器名称】设置为ge2，其他保持默认设置，如图7-139所示。

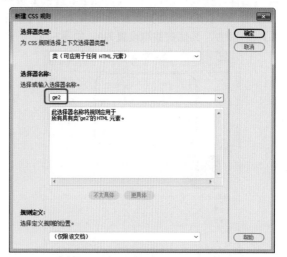

图7-139

Step 36 单击【确定】按钮，在弹出的对话框中选择【分类】列表框中的【边框】选项，取消选中【全部相同】复选框，将Bottom从左向右依次设置为solid、thin、#09F，将Left从左向右依次设置为solid、medium、#FFF，如图7-140所示。

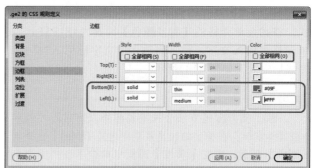

图7-140

Step 37 选择大表格的第一行第一列单元格，将其【目标规则】设置为.ge1，选择第一行中的第二、三列单元格，将其【背景颜色】设置为#f1f1f1，将其单元格的【目标规则】设置为.ge2，单击【实时视图】按钮观看效果，如图7-141所示。

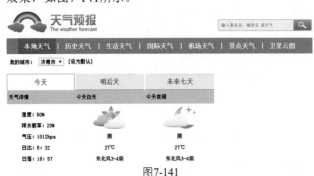

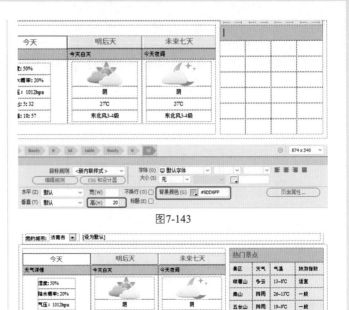

图7-143

图7-141

Step 38 再次单击【实时视图】按钮，然后将光标置入大表格的第二列单元格内，按Ctrl+Alt+T组合键，打开Table对话框，在该对话框中将【行数】、【列】分别设置为7、4，将【表格宽度】设置为250像素，将【单元格边距】设置为9，其他参数均设置为0，如图7-142所示。

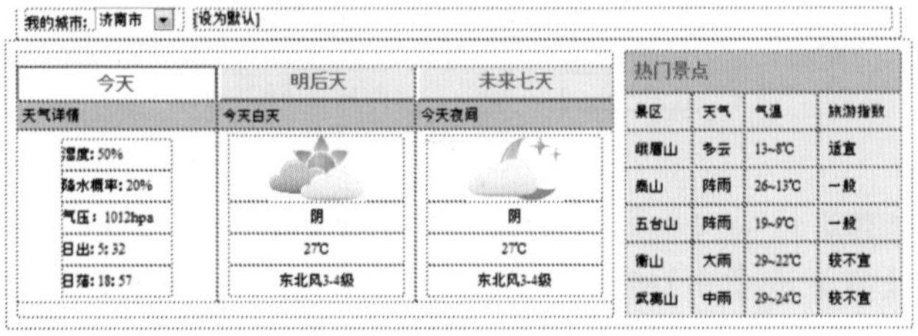

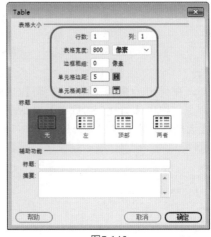

图7-144

Step 41 将光标置入表格的右侧，按Ctrl+Alt+T组合键，打开Table对话框，在该对话框中将【行数】、【列】均设置为1，将【表格宽度】设置为800像素，将【单元格边距】设置为5，其他参数均设置为0，如图7-145所示。

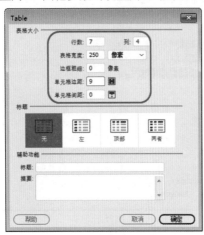

图7-142

Step 39 单击【确定】按钮，选择插入的第一行单元格，按Ctrl+Alt+M组合键合并单元格，然后将【背景颜色】设置为#9DD6FF，将【高】设置为20，如图7-143所示。

Step 40 在合并的单元格内输入文字，并为文字应用.A2样式，将其余单元格的【背景颜色】设置为#F1F1F1，在单元格内输入文字，然后为输入的文字应用.A3样式，完成后的效果如图7-144所示。

◎提示·○

除了使用上述方法合并单元格外，用户还可以单击鼠标右键，在弹出的快捷菜单中选择Table|【合并单元格】命令，或在【属性】面板中单击【合并所选单元格，使用跨度】按钮。

图7-145

Step 42 单击【确定】按钮，在【属性】面板中将Align设置为【居中对齐】，将此表格的【背景颜色】设置为#9DD6FF，效果如图7-146所示。

图7-146

Step 43 在插入的表格中输入文字，选择输入的文字，在【属性】面板中将【目标规则】设置为.A2，如图7-147所示。

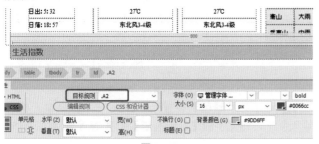

图7-147

Step 44 将光标置入表格的右侧，按Ctrl+Alt+T组合键，打开Table对话框，在该对话框中将【行数】、【列】分别设置为3、6，将【表格宽度】设置为810像素，将【单元格边距】设置为5，其他参数均设置为0，如图7-148所示。

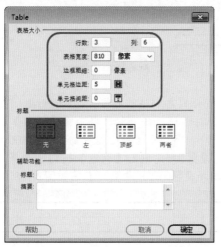

图7-148

Step 45 单击【确定】按钮，在【属性】面板中将Align设置为【居中对齐】，将第一、三、五列单元格的【宽】分别设置为41、40、40，将第二、四、六列单元格的【宽】分别设置为219、219、191，将单元格的【高】设置为60，效果如图7-149所示。

图7-149

Step 46 将光标置入第一行的第一列单元格内，将【水平】设置为【居中对齐】，如图7-150所示。按Ctrl+Alt+I组

合键，打开【选择图像源文件】对话框，选择【素材\Cha07\穿衣指数.jpg】素材文件。

图7-150

Step 47 单击【确定】按钮即可将选择的素材图片导入单元格内，选择图片，将【宽】、【高】比锁定，将【宽】设置为40px，完成后的效果如图7-151所示。

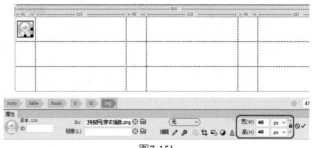

图7-151

Step 48 将光标置入第一行的第二列单元格内，按Ctrl+Alt+T组合键，打开Table对话框，在该对话框中将【行数】、【列】分别设置为2、1，将【表格宽度】设置为191像素，其他参数均设置为0，如图7-152所示。

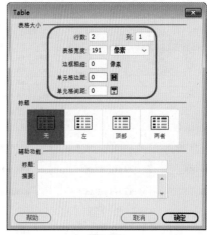

图7-152

Step 49 单击【确定】按钮，将单元格的【高】设置为23，然后在第一行单元格内输入文字，右击，在弹出的快捷菜单中选择【CSS样式】|【新建】命令，弹出【新建CSS规则】对话框，在该对话框中将【选择器名称】

设置为A1，单击【确定】按钮，在弹出的对话框中，进行如图7-153所示的设置。

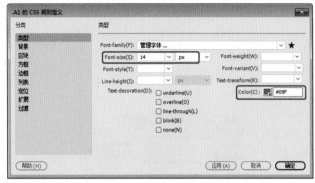

图7-153

Step 50 选择第一行单元格内的文字，将文字的【目标规则】设置为.A1。在第二行单元格内输入文字，将文字的【目标规则】设置为.A3，完成后的效果如图7-154所示。

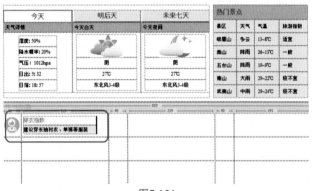

图7-154

Step 51 使用同样的方法在其他单元格内输入文字和插入图片并进行相应的设置，完成后的效果如图7-155所示。

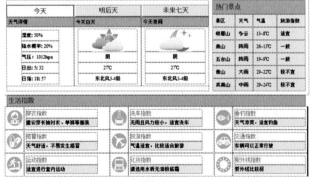

图7-155

Step 52 将光标置入表格的右侧，按Ctrl+Alt+T组合键，打开Table对话框，在该对话框中将【行数】、【列】均设置为1，将【表格宽度】设置为800像素，将【单元格边距】设置为5，其他参数均设置为0，单击【确定】按钮。选择插入的表格，将Align设置为【居中对齐】，如图7-156所示。

图7-156

Step 53 将【背景颜色】设置为#9DD6FF，在该单元格内输入文字，将文字的【目标规则】设置为.A2，如图7-157所示。

图7-157

Step 54 将光标置入表格的右侧，按Ctrl+Alt+T组合键，打开Table对话框，在该对话框中将【行数】、【列】分别设置为4、5，将【表格宽度】设置为800像素，其他参数均设置为0，单击【确定】按钮。选择插入的表格，将Align设置为【居中对齐】，如图7-158所示。

图7-158

Step 55 选择所有的单元格，将【高】设置为50，将第一、三、五列单元格的【宽】均设置为245，将第二、四列单元格的【宽】分别设置为33、32，完成后的效果如图7-159所示。

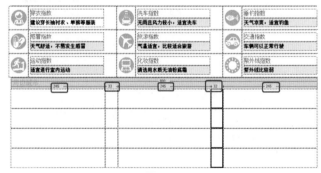

图7-159

Step 56 再次选择所有的单元格，将【垂直】设置为

【底部】。将光标置入第一行的第一列单元格内，按Ctrl+Alt+T组合键，打开Table对话框，在该对话框中将【行数】、【列】均设置为1，将【表格宽度】设置为245像素，其他参数均设置为0，如图7-160所示。

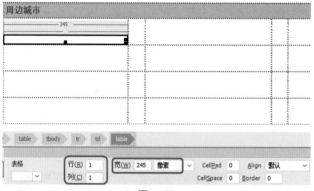

图7-160

Step 57 单击【确定】按钮，然后右击，在弹出的快捷菜单中选择【CSS样式】|【新建】命令，弹出【新建CSS规则】对话框，在该对话框中将【选择器名称】设置为ge3，如图7-161所示。

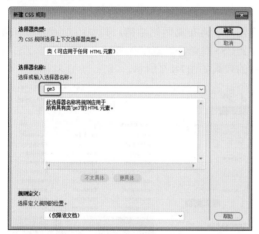

图7-161

Step 58 单击【确定】按钮，弹出【.ge3的CSS规则定义】对话框，在【分类】列表框中选择【边框】选项，将Style设置为solid，将Width设置为thin，将Color设置为#09F，如图7-162所示。

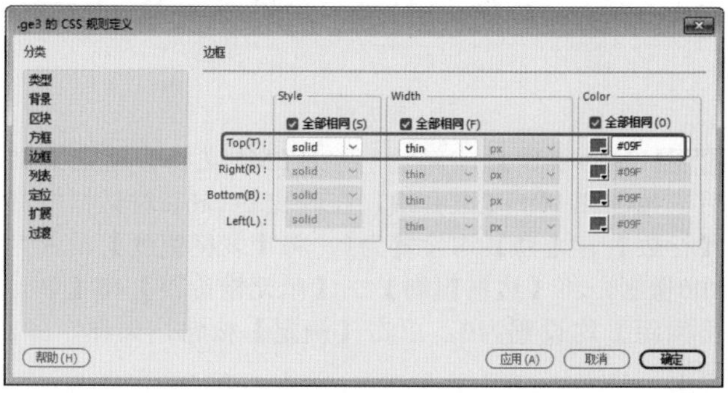

图7-162

Step 59 单击【确定】按钮，然后选择刚刚插入的表格，在【属性】面板中将【目标规则】设置为.ge3，单击【实时视图】按钮，效果如图7-163所示。

图7-163

Step 60 将光标置入插入的表格内，打开Table对话框，在该对话框中将【行数】、【列】分别设置为1、4，将【表格宽度】设置为241像素，将【单元格边距】设置为5，其他参数均设置为0，如图7-164所示。

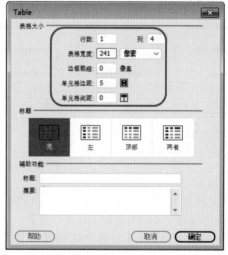

图7-164

Step 61 选择插入的表格，将第一、二、三、四列单元格的【宽】分别设置为60、30、30、81，【高】设置为35，在第一、四列单元格内输入文字，并将文字的CSS样式设置为.A3，将第四列单元格的【水平】设置为【右对齐】，完成后的效果如图7-165所示。

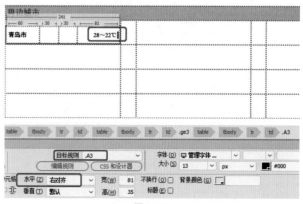

图7-165

Step 62 将光标置入第二列单元格内，按Ctrl+Alt+I组合键，打开【选择图像源文件】对话框，选择【素材\Cha07\天气预报网\晴.jpg】素材图片，单击【确定】按钮，然后选择插入的图片，将【宽】、【高】分别设置为23px、25px，如图7-166所示。

图7-166

Step 63 使用同样的方法插入图片和表格，并在单元格内进行相应的设置，如图7-167所示。

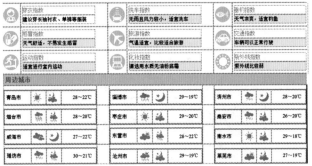

图7-167

Step 64 将光标置入表格的右侧，按Ctrl+Alt+T组合键，打开Table对话框，在该对话框中将【行数】、【列】均设置为1，将【表格宽度】设置为820像素，将【单元格间距】设置为10，其他参数均设置为0，单击【确定】按钮，选择插入的表格，将Align设置为【居中对齐】，如图7-168所示。

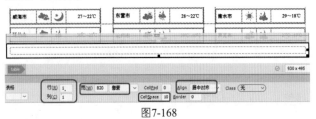

图7-168

Step 65 将【高】设置为32，将【背景颜色】设置为#9DD6FF，如图7-169所示。

图7-169

Step 66 将光标置入单元格内，将【水平】设置为【居中对齐】，在单元格内输入文字，将文字的【目标规则】设置为.A3，单击【实时视图】按钮，效果如图7-170所示。

图7-170

实例 090 山东交通信息网网页设计

- 素材：素材\Cha07\山东交通信息网
- 场景：场景\Cha07\实例090 山东交通信息网.html

本例将介绍山东交通信息网网页的制作过程，主要讲解如何使用表格布局网站结构，其中还介绍了如何插入图片、设置CSS规则、设置字体样式。具体操作方法如下，完成后的效果如图7-171所示。

图7-171

Step 01 启动软件后，新建一个HTML文档。新建文档后，按Ctrl+Alt+T组合键，在弹出的Table对话框中将【行数】、【列】均设置为1，将【表格宽度】设置为800像素，将【边框粗细】、【单元格边距】和【单元格间距】均设置为0，单击【确定】按钮，如图7-172所示。

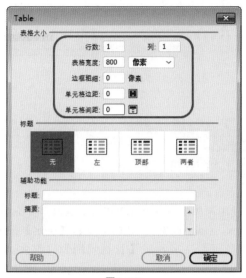

图7-172

Step 02 选中插入的表格,在【属性】面板中,将Align设置为【居中对齐】,如图7-173所示。

图7-173

◎提示·◦

　　HTML是一种规范,一种标准,它通过标记符号来标记要显示的网页中的各个部分。网页文件本身是一种文本文件,通过在文本文件中添加标记符,可以告诉浏览器如何显示其中的内容(如:文字如何处理,画面如何安排,图片如何显示等)。浏览器按顺序阅读网页文件,然后根据标记符解释和显示其标记的内容,对书写出错的标记将不指出其错误,且不停止其解释执行过程,编制者只能通过显示效果来分析出错的原因和出错部位。但需要注意的是,对于不同的浏览器,对同一标记符可能会有不完全相同的解释,因而可能会有不同的显示效果。

　　HTML之所以称为超文本标记语言,是因为文本中包含了所谓的"超级链接"点。所谓超级链接,就是一种URL指针,通过激活(点击)它,可使浏览器方便地获取新的网页。这也是HTML获得广泛应用的最重要的原因之一。

Step 03 将光标插入到第一列单元格中,在【属性】面板中,将【高】设置为90,单击【拆分】按钮,选中

表格,在"<td"处按空格键,在弹出的菜单中选择background选项,在弹出的对话框中选择【素材\Cha07\山东交通信息网\山东交通信息网.jpg】素材文件,单击【确定】按钮,如图7-174所示。

图7-174

Step 04 将光标置于单元格内,然后插入一个2行2列、表格宽度为300像素的表格,将【水平】、【垂直】分别设置为【右对齐】和【底部】,如图7-175所示。

图7-175

Step 05 选中新插入表格第一行的两个单元格,单击【合并所选单元格,使用跨度】按钮□,将其合并。将第一行单元格的【水平】设置为【右对齐】,【高】设置为40,如图7-176所示。

图7-176

Step 06 右击,在弹出的快捷菜单中选择【CSS样式】|【新建】命令,在弹出的【新建CSS规则】对话框中,设置【选择器名称】为A1,如图7-177所示。

图7-177

Step 07 单击【确定】按钮，在弹出的对话框中将【分类】选择为【类型】，将Font-size设置为13px，单击【确定】按钮，如图7-178所示。

图7-178

Step 08 在单元格中输入文字，在【属性】面板中，将【目标规则】设置为.A1，如图7-179所示。

图7-179

Step 09 将光标插入到第二行的第一列单元格中，将【水平】设置为【右对齐】，【宽】设置为220，【高】设置为40，然后输入文字，将文字的【目标规则】设置为.A1，如图7-180所示。

图7-180

Step 10 使用相同的方法新建CSS规则.A2，将Font-size设置为14px，Color设置#428EC8，单击【确定】按钮。选中【青岛市】文字，将【目标规则】更改为.A2，如图7-181所示。

图7-181

◎提示·◎

Font-size：用于设置文字的大小。

Color：用于设置文字的颜色。

Step 11 将光标插入到第二行的第二列单元格中，将【水平】设置为【居中对齐】，如图7-182所示。

图7-182

Step 12 在菜单栏中选择【插入】|【表单】|【按钮】命令，插入按钮控件。选中插入的按钮控件，在【属性】面板中，将Value的值更改为【切换城市】，如图7-183所示。

Dreamweaver 网页设计与制作 完全实训手册

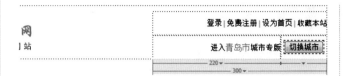

图7-186

Step 16 在空白位置单击，按Ctrl+Alt+T组合键，弹出Table对话框，将【行数】设置为1，【列】设置为2，将【表格宽度】设置为820像素，【单元格间距】设置为10像素，然后单击【确定】按钮。选中插入的表格，将Align设置为【居中对齐】，如图7-187所示。

◎提示·○

在选中所有单元格的前提下新建CSS样式，可以对单元格直接应用该样式。

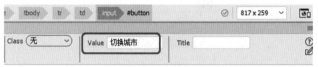

图7-183

Step 13 在空白位置单击，然后按Ctrl+Alt+T组合键，弹出Table对话框，将【行数】设置为1，【列】设置为8，将【表格宽度】设置为800像素，单击【确定】按钮。选中插入的表格，将Align设置为【居中对齐】，如图7-184所示。

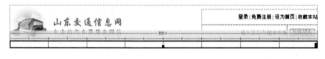

图7-187

Step 17 使用相同的方法新建.ge1的CSS规则，在【分类】列表框中选择【边框】选项，将Top中的Style设置为solid，Width设置为5px，Color设置为#77D4F6，然后单击【确定】按钮，如图7-188所示。

图7-184

Step 14 选中新插入的单元格，将【水平】设置为【居中对齐】，【宽】设置为100，【高】设置为30。将第一个单元格的【背景颜色】设置为#F96026，其他单元格的【背景颜色】设置为#77D4F6，如图7-185所示。

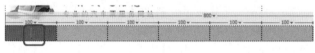

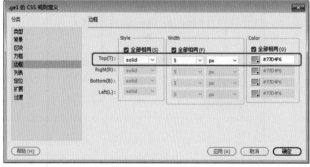

图7-188

Step 18 将光标插入到第一列单元格中，将【目标规则】设置为.ge1，【宽】设置为300，如图7-189所示。

Step 19 在【CSS设计器】面板中，将【选择器】设置为.ge1，然后将其边框半径都设置为5px，如图7-190所示。

图7-185

Step 15 使用相同的方法新建A3的CSS规则，将Font-size设置为14px，Font-weight设置为bold，Color设置为#FFF，单击【确定】按钮，并在单元格中输入文字，将其【目标规则】设置为.A3，如图7-186所示。

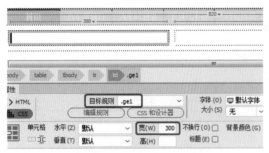
图7-189

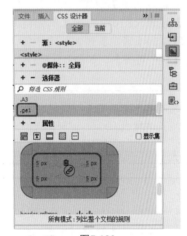
图7-190

Step 20 在单元格中按Ctrl+Alt+T组合键，弹出Table对话框，将【行数】设置为2，【列】设置为4，【表格宽度】设置为300像素，如图7-191所示。

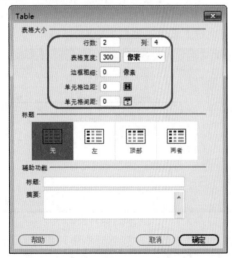
图7-191

Step 21 将第一行单元格合并，将【高】设置为40，【背景颜色】设置为#77D4F6。然后输入文字，将【字体】设置为Gotham, Helvetica Neue, Helvetica, Arial, sans-serif，【大小】设置为18px，字体颜色设置为#FFF，如图7-192所示。

Step 22 将光标插入到第二行的第一列单元格中，将【水平】设置为【居中对齐】，【宽】设置为45，【高】设置为40，如图7-193所示。

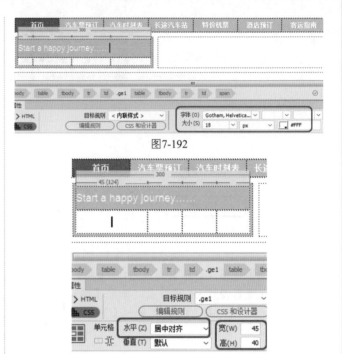
图7-192

图7-193

Step 23 按Ctrl+Alt+I组合键，弹出【选择图像源文件】对话框，选择【素材\Cha07\山东交通信息网\汽车票.png】素材图片，单击【确定】按钮，将【宽】设置为20px，【高】设置为24px，如图7-194所示。

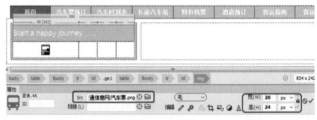
图7-194

Step 24 将第二行其他单元格的【宽】分别设置为55、100、100，在第二行的第二列单元格中输入文字，将Font-weight设置为bold，【大小】设置为14px，【字体颜色】设置为#428EC8，如图7-195所示。

图7-195

Step 25 使用相同的方法新建.ge2的CSS规则，在【分类】列表框中选择【背景】选项，将Background-color设置为#E6F4FD，如图7-196所示。

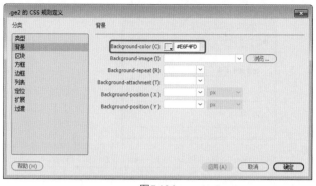

图7-196

Step 26 在【分类】列表框中选择【边框】选项，取消选中Style、Width和Color下的【全部相同】复选框，将Bottom和Left中的Style设置为solid，Width设置为2px，Color设置为#77D4F6，然后单击【确定】按钮，如图7-197所示。

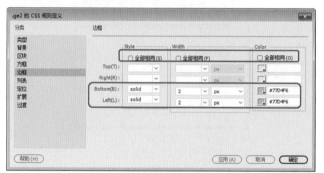

图7-197

◎提示·◦

　　Style：设置边框的样式外观。样式的显示方式取决于浏览器。取消选中【全部相同】复选框可设置元素各个边的边框样式。

　　Width：设置元素边框的粗细。取消选中【全部相同】复选框可设置元素各个边的边框宽度。

　　Color：设置边框的颜色。可以分别设置每条边的颜色，但显示方式取决于浏览器。取消选中【全部相同】复选框可设置元素各个边的边框颜色。

Step 27 将第二行最后两列单元格的【目标规则】设置为.ge2，如图7-198所示。

Step 28 在单元格中插入一个1行2列的表格，将【宽】设置为100像素，如图7-199所示。

Step 29 将光标插入到新表格的第一列单元格中，将【水平】设置为【居中对齐】，如图7-200所示。

Step 30 在单元格中插入【素材\Cha07\山东交通信息网\时刻表.png】素材图片，将【宽】和【高】均设置为24px，如图7-201所示。

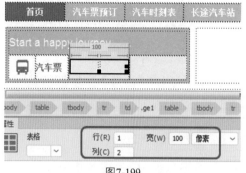

图7-198

图7-199

图7-200

图7-201

Step 31 将第二列单元格的【宽】设置为50，然后输入文字，将Font-weight设置为bold，【大小】设置为14px，字体颜色设置为#77D4F6，如图7-202所示。

Step 32 使用相同的方法在另一列单元格中插入表格并编辑单元格的内容，效果如图7-203所示。

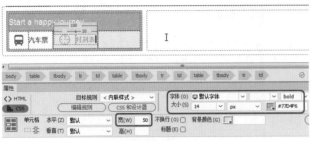

图7-202

图7-203

Step 33 继续插入一个4行1列的表格，将【宽】设置为240
像素，Align设置为【居中对齐】，如图7-204所示。

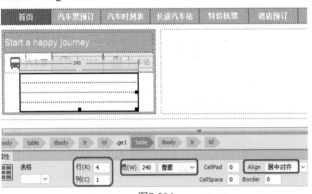

图7-204

Step 34 选中前3行单元格，将【垂直】设置为【底部】，
【高】设置为50，如图7-205所示。

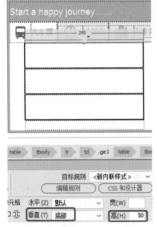

图7-205

Step 35 在第一行单元格中输入文字，然后选中文字，
将其【目标规则】设置为.A1，将光标插入到文字的
右侧，在菜单栏中执行【插入】|【表单】|【文本】命
令，将文本框的Size设置为18，并将英文文本删除，
如图7-206所示。

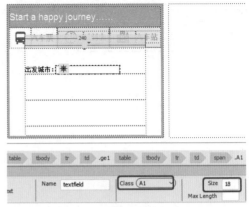

图7-206

Step 36 使用相同的方法在第二行单元格中插入文本控
件，并输入文字，效果如图7-207所示。

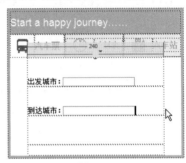

图7-207

⊙提示·⊙

　　根据类型属性的不同，文本域可分为3种：单行文
本域、多行文本域和密码域。文本域是最常见的表单
对象之一，用户可以在文本域中输入字母、数字和文
本等类型的内容。

Step 37 将光标插入到第三行单元格中，然后在菜单栏中
选择【插入】|【表单】|【日期】命令，插入日期控件
后，将英文文字删除，然后输入文字，将其【目标规
则】设置为.A1，如图7-208所示。

图7-208

Dreamweaver 网页设计与制作 完全实训手册

Step 38 选中日期文本框，将Value设置为2021-08-01，如图7-209所示。

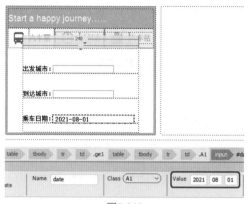

图7-209

◎提示·◎

　　也可以在插入文本控件后，将英文部分删除，然后输入文字。

Step 39 将光标插入到最后一行单元格中，将【水平】设置为【居中对齐】，【垂直】设置为【底部】，【高】设置为50，然后选择【素材\Cha07\山东交通信息网\查询.jpg】素材图片，如图7-210所示。

图7-210

Step 40 将光标插入到另一列单元格中，将【水平】设置为【居中对齐】，【宽】设置为480，如图7-211所示。

图7-211

Step 41 使用相同的方法新建.ge3的CSS规则，在【分类】列表框中选择【边框】选项，将Top中的Style设置为

solid，Width设置为thin，Color设置为#77D4F6，然后单击【确定】按钮，如图7-212所示。

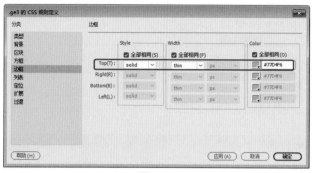

图7-212

Step 42 将单元格的【目标规则】设置为.ge3，如图7-213所示。

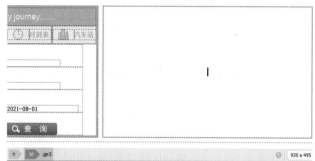

图7-213

Step 43 在单元格中插入一个2行1列的表格，将其【宽】设置为460像素，如图7-214所示。

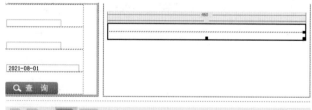

图7-214

Step 44 将光标插入到第一行单元格中，然后单击【拆分单元格为行或列】按钮，将其拆分为3列，将其【宽】分别设置为105、95、260，【高】设置为42，如图7-215所示。

Step 45 将光标插入到第一行的第一列单元格中，然后使用相同的方法创建.ge4的CSS规则，在【分类】列表框中选择【边框】选项，取消选中Style、Width和Color中的【全部相同】复选框，将Bottom中的Style设置为solid，Width设置为medium，Color设置为#428EC8，然后单击【确定】按钮，如图7-216所示。

图7-215

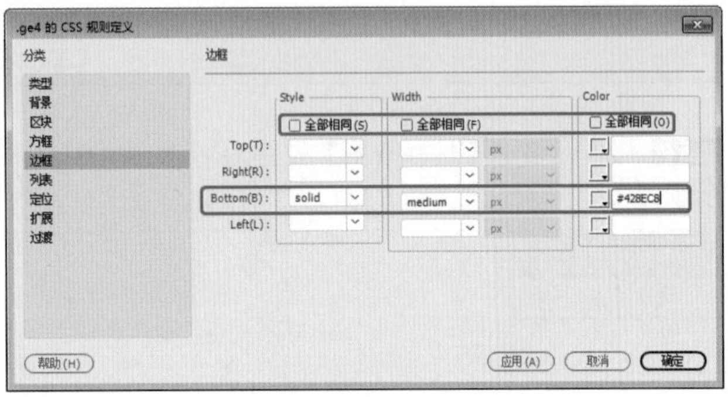

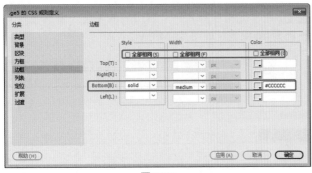

图7-216

Step 46 使用相同的方法创建.ge5的CSS规则,在【分类】列表框中选择【边框】选项,取消选中Style、Width和Color中的【全部相同】复选框,将Bottom中的Style设置为solid,Width设置为medium,Color设置为#CCCCCC,然后单击【确定】按钮,如图7-217所示。

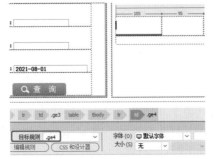

图7-217

Step 47 将第一行第一列单元格的【目标规则】设置为.ge4,如图7-218所示。

图7-218

Step 48 使用相同的方法新建.A4的CSS规则,将Font-size设置为14px,Font-weight设置为bold,然后单击【确定】按钮,在第一行的第一列单元格中输入文字,然后选中输入的文字,将其【目标规则】设置为.A4,如图7-219所示。

图7-219

Step 49 将光标插入到第一行的第二列单元格中,将【目标规则】设置为.ge5,【水平】设置为【居中对齐】,如图7-220所示。

图7-220

Step 50 在菜单栏中选择【插入】|【表单】|【选择】命令,在单元格中插入选择控件,将英文文字删除,然后选中文本框控件,单击【列表值】按钮,在弹出的【列表值】对话框中,添加多个项目标签,单击【确定】按钮,如图7-221所示。

图7-221

Step 51 将光标插入到第一行的第三列单元格中,将【目标规则】设置为.ge5,【水平】设置为【右对齐】。在单元格中输入文字,然后选中输入的文字,将【目标规则】设置为.A1,如图7-222所示。

图7-222

Step 52 在下一行单元格中插入一个9行3列的表格,将其【宽】设置为460像素,如图7-223所示。

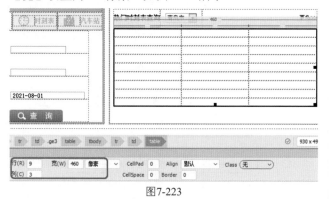

图7-223

Step 53 将每列单元格的【宽】分别设置为180、170、110,【高】都设置为30,在单元格中输入文字,并将其【目标规则】设置为.A1,如图7-224所示。

图7-224

Step 54 参照前面的操作方法,插入一个1行2列的表格,将其【宽】设置为800像素,Align设置为【居中对齐】,如图7-225所示。

图7-225

Step 55 将光标插入到第一列单元格中,将其【目标规则】设置为.ge3,如图7-226所示。

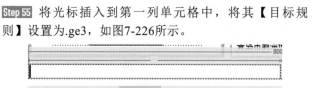

图7-226

Step 56 在第一列单元格中插入一个1行2列的表格,将【宽】设置为290像素,Align设置为【居中对齐】,如图7-227所示。

图7-227

Step 57 将两列单元格的【宽】分别设置为135、155,【高】都设置为40,将第一列单元格的【目标规则】设置为.ge4,第二列单元格的【目标规则】设置为.ge5,如图7-228所示。

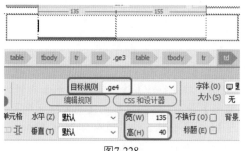

图7-228

Step 58 在第一列单元格中输入文字,然后选中输入的文字,将其【目标规则】设置为.A4,如图7-229所示。

图7-229

Step 59 插入一个1行6列的表格,将其【宽】设置为290像素,Align设置为【居中对齐】,如图7-230所示。

Step 60 参照前面的操作步骤,对单元格的【宽】进行设置,然后插入素材图片,输入文字并设置【目标规则】,效果如图7-231所示。

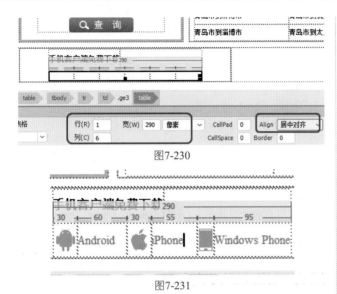

图7-230

图7-231

Step 61 将光标插入到另一列单元格中，将其【水平】设置为【右对齐】，按Ctrl+Alt+I组合键，弹出【选择图像源文件】对话框，选择【素材\Cha07\山东交通信息网\图片.jpg】素材图片，如图7-232所示。

图7-232

Step 62 在空白位置单击，按Ctrl+Alt+T组合键，弹出Table对话框，将【行数】设置为1，【列】设置为2，将【表格宽度】设置为820像素，【单元格间距】设置为10，单击【确定】按钮。选中插入的表格，将Align设置为【居中对齐】，如图7-233所示。

图7-233

Step 63 将两列单元格的【目标规则】都设置为.ge3，将两列单元格的【宽】分别设置为306和476，【水平】都设置为【居中对齐】，如图7-234所示。

图7-234

Step 64 在第一列单元格中插入一个1行2列的表格，将【宽】设置为288像素，如图7-235所示。

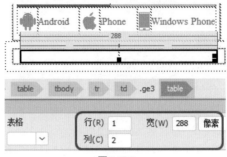

图7-235

◉提示·◦

两个单元格同时选中时只显示相同的属性，所以图7-235并没有显示其不同的宽度。

Step 65 将光标插入到第一列单元格中，将【目标规则】设置为.ge4，【宽】设置为75，【高】设置为40，如图7-236所示。

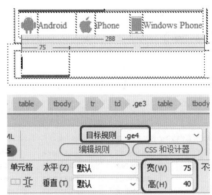

图7-236

Step 66 在单元格中输入文字，然后选中输入的文字，将【目标规则】设置为.A4，如图7-237所示。

图7-237

Step 67 将光标插入到第二列单元格中，将其【目标规则】设置为.ge5，【水平】设置为【右对齐】，【宽】设置为213，如图7-238所示。

Step 68 在单元格中输入文字，然后选中输入的文字，将【目标规则】设置为.A1，如图7-239所示。

Dreamweaver 网页设计与制作 完全实训手册

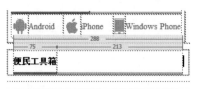

图7-238

图7-239

Step 69 插入一个4行4列的表格,将其【宽】设置为288像素,如图7-240所示。

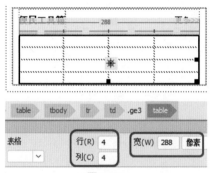

图7-240

Step 70 选中第一、三行的单元格,将【水平】设置为【居中对齐】,【垂直】设置为【底部】,【宽】设置为72,【高】设置为60,将素材图片插入到单元格中,并设置素材图片的大小,如图7-241所示。

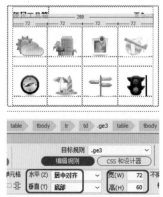

图7-241

Step 71 选中第二、四行的单元格,将【水平】设置为【居中对齐】,【宽】设置为72,【高】设置为30,然后在单元格中输入文字,选中输入的文字,将其【目标规则】设置为.A2,如图7-242所示。

图7-242

Step 72 在另一列单元格中插入一个1行2列的表格,将其【宽】设置为460像素。参照前面的操作步骤,设置单元格的属性,然后输入文字,效果如图7-243所示。

图7-243

Step 73 继续插入一个6行5列的表格,将【宽】设置为460像素,如图7-244所示。

图7-244

Step 74 设置单元格并输入文字,将文字的【目标规则】设置为.A1,效果如图7-245所示。

100				460					100		60
北京市	西宁市	邢台市	上海市	福州市
天津市	连云港	潍水市	深圳市	杭州市
廊坊市	南京市	东营市	宁波市	贵阳市
唐山市	合肥市	泰安市	石家庄	成都市
沧州市	郑州市	莱芜市	银川市	宁宁市
东营市	枣庄市	日照市	广州市	昆明市

图7-245

Step 75 继续插入一个1行1列的表格,将其【宽】设置为800像素,Align设置为【居中对齐】,如图7-246所示。

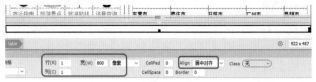

图7-246

Step 76 将光标插入到单元格中，将【目标规则】设置为.ge3，【高】设置为152，如图7-247所示。

图7-247

Step 77 在单元格中插入一个1行10列的表格，将其【宽】设置为780像素，Align设置为【居中对齐】，如图7-248所示。

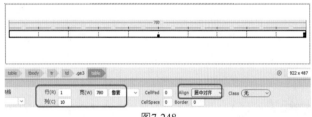

图7-248

Step 78 对单元格的【宽】、【高】进行设置，效果如图7-249所示。

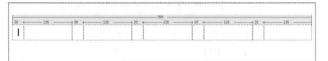

图7-249

Step 79 参照前面的操作步骤插入素材图片并输入文字，如图7-250所示。

图7-250

Step 80 插入一个4行5列的表格，将其【宽】设置为740像素，Align设置为【居中对齐】，如图7-251所示。

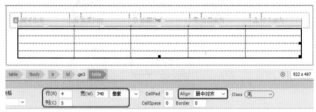

图7-251

Step 81 参照前面的操作步骤设置单元格并输入文字，如图7-252所示。

新手指南	常见问题	购票指南	会员服务	个人服务
注册流程	购票问题	购票须知	优惠券使用	找回密码
购票流程	支付问题	取票须知	经验值说明	订单查询
取票方式	车票预售期	旅客须知	帮助中心	投诉与建议
支付方式				联系客服

图7-252

第 8 章 生活服务类网页设计

 本章导读 ...

　　本章重点讲解生活服务类常用的网页设计，其中包括鲜花网网页设计、装饰公司网页设计、良品家居网页设计。通过本章的学习，使读者对日常生活中常用的网页设计加强认识及了解。

实例 **091** 鲜花网网页设计

- 素材：素材\Cha08\鲜花网网页设计
- 场景：场景\Cha08\实例091 鲜花网网页设计.html

本实例主要介绍如何进行鲜花网网页设计，该实例主要通过设置页面属性、插入表格、输入文字、创建CSS样式、插入图像等操作来完成，效果如图8-1所示。

图8-1

Step 01 按Ctrl+N组合键，在弹出的对话框中单击【新建文档】按钮，在【文档类型】列表框中选择HTML，将【文档类型】设置为HTML5，如图8-2所示。

图8-2

Step 02 设置完成后，单击【创建】按钮，按Ctrl+Alt+T组合键，在弹出的对话框中将【行数】、【列】分别设置为10、1，将【表格宽度】设置为956像素，将【单元格间距】设置为2，如图8-3所示。

图8-3

Step 03 设置完成后，单击【确定】按钮，即可插入一个10行1列的表格，效果如图8-4所示。

图8-4

Step 04 在文档窗口中的空白位置处单击，在【属性】面板中单击【页面属性】按钮，在弹出的对话框中选择【分类】列表框中的【外观（CSS）】选项，将【左边距】设置为5px，如图8-5所示。

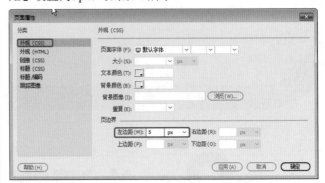

图8-5

◎知识链接·○

【外观（CSS）】界面中其他选项的功能如下。

【页面字体】：指定在网页中使用的默认字体系列。

【大小】：指定在网页中使用的默认字体大小。

【文本颜色】：指定显示字体时使用的默认颜色。

【背景颜色】：设置页面的背景颜色，可单击【背景颜色】框并从颜色选择器中选择一种颜色。

【背景图像】：用于设置背景图像。单击【浏览】按钮，然后浏览到图像并将其选中。或者，可以在【背景图像】文本框中输入背景图像的路径。

【重复】：指定背景图像在页面上的显示方式。

【左边距】和【右边距】：指定页面左边距和右边距的大小。

Dreamweaver 网页设计与制作 完全实训手册

164

【上边距】和【下边距】：指定页面上边距和下边距的大小。

Step 05 在【分类】列表框中选择【外观（HTML）】选项，将【背景】设置为#f0f1f1，将【左边距】、【上边距】、【边距高度】都设置为0，如图8-6所示。

图8-6

Step 06 设置完成后，再在【分类】列表框中选择【链接（CSS）】选项，将【链接字体】设置为【微软雅黑】，将【大小】设置为18px，将【链接颜色】设置为#cc1122，将【下划线样式】设置为【始终无下划线】，如图8-7所示。

图8-7

Step 07 设置完成后，单击【确定】按钮，将光标置于第一行单元格中，按Ctrl+Alt+T组合键，在弹出的对话框中将【行数】、【列】分别设置为2、9，将【表格宽度】设置为956像素，将【单元格间距】设置为0，如图8-8所示。

Step 08 设置完成后，单击【确定】按钮，选择第一行与第二行的第一列单元格，右击，在弹出的快捷菜单中选择【表格】|【合并单元格】命令，如图8-9所示。

Step 09 选中合并后的单元格，在【属性】面板中将【水平】设置为【居中对齐】，将【宽】设置为206，如图8-10所示。

图8-8

图8-9

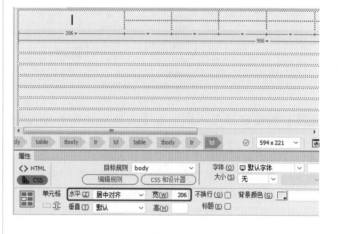

图8-10

Step 10 将光标置于该单元格中，按Ctrl+Alt+I组合键，在弹出的对话框中选择【鲜花网logo.jpg】素材文件，单击【确定】按钮。选中插入的素材文件，在【属性】面板中将【宽】、【高】分别设置为200px、70px，将【背景颜色】设置为#FFFFFF，效果如图8-11所示。

Step 11 在文档窗口中选择第二列的两行单元格，右击，在弹出的快捷菜单中选择【表格】|【合并单元格】命令，如图8-12所示。

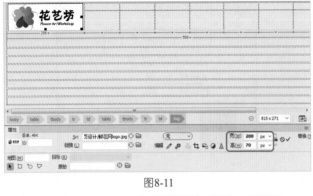

图8-11

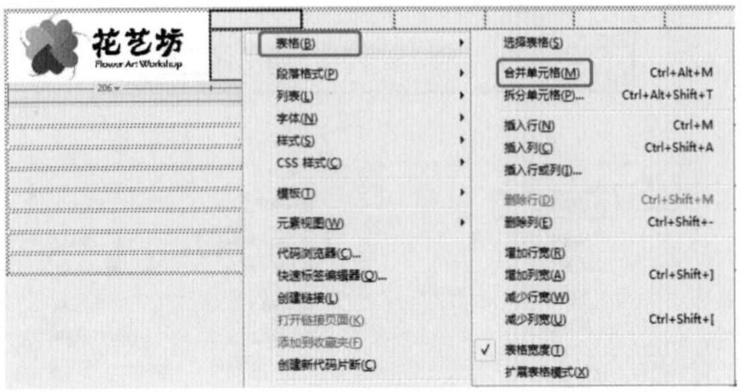

图8-12

Step 12 将光标置于合并后的单元格中，输入文字并右击，在弹出的快捷菜单中选择【CSS样式】|【新建】命令，如图8-13所示。

图8-13

Step 13 在弹出的对话框中将【选择器名称】设置为 guanggaoyu，单击【确定】按钮，在弹出的对话框中选择【分类】列表框中的【类型】选项，将Font-family 设置为【方正行楷简体】，将Font-size设置为24px，将 Color设置为#E4300B，如图8-14所示。

图8-14

Step 14 再在该对话框中选择【分类】列表框中的【区块】选项，将Text-align设置为center，如图8-15所示。

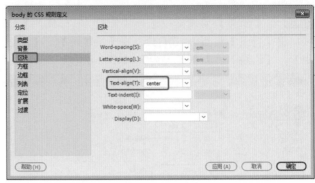

图8-15

Step 15 设置完成后，单击【确定】按钮，继续选中该文字，在【属性】面板中应用该样式，将【宽】设置为301，将【背景颜色】设置为#FFFFFF，如图8-16所示。

图8-16

Step 16 设置完成后，在文档窗口中调整其他单元格的宽度，并输入文字，选中输入的文字，右击，在弹出的快捷菜单中选择【CSS样式】|【新建】命令，如图8-17所示。

图8-17

Step 17 在弹出的对话框中将【选择器名称】设置为 wz1，单击【确定】按钮，在弹出的对话框中选择【分类】列表框中的【类型】选项，将Font-size设置为 12px，如图8-18所示。

Dreamweaver 网页设计与制作 完全实训手册

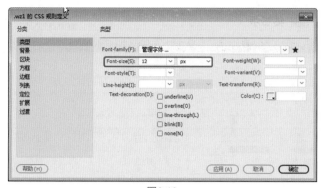

图8-18

Step 18 设置完成后，单击【确定】按钮，选中第一行的第三~九列单元格，在【属性】面板中为其应用新建的CSS样式，将【背景颜色】设置为#FFFFFF，如图8-19所示。

图8-19

Step 19 选中第二行的第三~九列单元格，右击，在弹出的快捷菜单中选择【表格】|【合并单元格】命令，如图8-20所示。

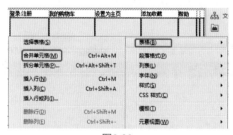

图8-20

Step 20 将光标置于合并后的单元格中，输入文字，选中输入的文字，右击，在弹出的快捷菜单中选择【CSS样式】|【新建】命令，如图8-21所示。

图8-21

Step 21 在弹出的对话框中将【选择器名称】设置为fwrx，单击【确定】按钮，在弹出的对话框中选择【分类】列表框中的【类型】选项，将Font-family设置为【长城新艺体】，将Font-size设置为20px，将Color设置为#900，如图8-22所示。

图8-22

Step 22 设置完成后，单击【确定】按钮，为该文字应用新建的样式，然后在其右侧输入文字，选中输入的文字，右击，在弹出的快捷菜单中选择【CSS样式】|【新建】命令，如图8-23所示。

图8-23

Step 23 在弹出的对话框中将【选择器名称】设置为fwrx2，单击【确定】按钮，在弹出的对话框中将Font-family设置为Arial Black，将Font-size设置为26px，将Color设置为#900，如图8-24所示。

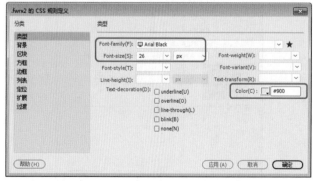

图8-24

Step 24 设置完成后，单击【确定】按钮。继续选中该文字，在【属性】面板中应用该样式。将【背景颜色】设置为#FFFFFF，效果如图8-25所示。

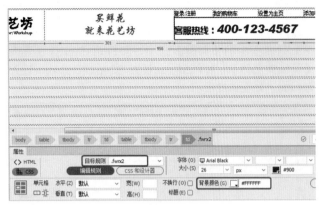

图8-25

Step 25 将光标置于10行表格的第二行单元格中，在【属性】面板中将【背景颜色】设置为#F23E0B，如图8-26所示。

图8-26

Step 26 设置完成后，在第二行单元格中单击，按Ctrl+Alt+T组合键，在弹出的对话框中将【行数】、【列】分别设置为1、13，将【表格宽度】设置为956像素，如图8-27所示。

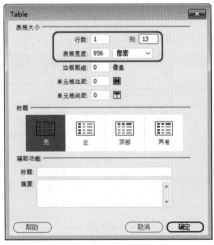

图8-27

Step 27 设置完成后，单击【确定】按钮，在文档窗口中调整单元格的宽度，调整完成后，将光标置入任意一列单元格中，在【属性】面板中将【高】设置为40，然后输入相应的文字，效果如图8-28所示。

图8-28

Step 28 选中输入的文字，新建 .dhwz 样式，在弹出的对话框中选择【分类】列表框中的【类型】选项，将Font-size设置为15px，将Font-weight设置为bold，将Color设置为#FFF，如图8-29所示。

图8-29

Step 29 设置完成后，在【分类】列表框中选择【区块】选项，将Text-align设置为center，单击【确定】按钮。继续选中该文字，在【属性】面板中为其应用该样式，效果如图8-30所示。

图8-30

Step 30 将光标置于10行表格的第三行单元格中，按Ctrl+Alt+I组合键，在弹出的对话框中选择【素材\Cha08\2.jpg】素材文件，单击【确定】按钮，将素材图片的【宽】、【高】分别设置为956px、350px，如图8-31所示。

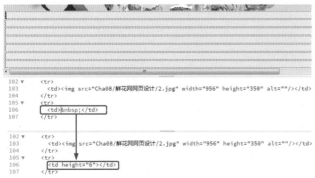

图8-31

Step 31 将光标置于10行表格的第四行单元格中，单击【拆分】按钮，将第106行的代码修改为"<td height="6"></td>"，效果如图8-32所示。

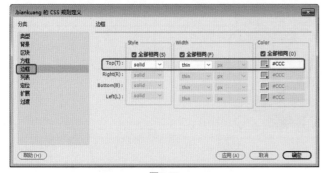

图8-32

Step 32 新建.biankuang样式，在图8-33所示的对话框中选择【分类】列表框中的【边框】选项，将Style设置为solid，将Width设置为thin，将Color设置为#CCC。

图8-34

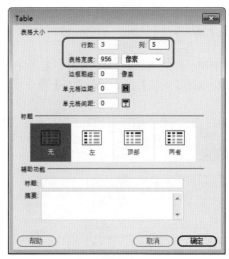

图8-35

Step 35 设置完成后，单击【确定】按钮，将光标置于第一行单元格中，输入【恋人鲜花】文字，选中输入的文字，新建.bqwz样式，在【.bqwz的CSS规则定义】对话框中将Font-family设置为【微软雅黑】，将Font-size设置为20px，将Color设置为#FFF，如图8-36所示。

图8-36

Step 36 再在该对话框中选择【分类】列表框中的【区块】选项，将Text-align设置为center，单击【确定】按钮，继续选中该文字，为其应用该样式，在【属性】面板中将【高】设置为40，将【背景颜色】设置为#FF5A7B，并调整单元格的宽度为191，效果如图8-37所示。

Step 33 将光标置于10行表格的第五行单元格中，选中该单元格，在【属性】面板中为其应用.biankuang样式，将【背景颜色】设置为#FFFFFF，如图8-34所示。

Step 34 继续将光标置于该单元格中，按Ctrl+Alt+T组合键，在弹出的对话框中将【行数】、【列】分别设置为3、5，将【表格宽度】设置为956像素，如图8-35所示。

图8-33

图8-37

Step 37 选中第一行的第二~五列单元格，右击，在弹出的快捷菜单中选择【表格】|【合并单元格】命令，如图8-38所示。

图8-38

Step 38 选中合并后的单元格，新建.hszx 样式，在【.hszx的CSS规则定义】对话框中选择【分类】列表框中的【边框】选项，取消选中Style选项组中的【全部相同】复选框，将Top设置为none，将Bottom设置为solid。将Width、Color选项组中的【全部相同】复选框取消选中，将Bottom右侧的Width设置为thin，然后将其右侧的Color设置为#FF5A7B，如图8-39所示。

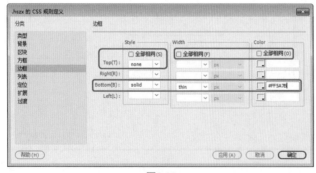

图8-39

Step 39 设置完成后，单击【确定】按钮，继续选中该单元格，为其应用新建的CSS样式，效果如图8-40所示。

Step 40 将光标置于【恋人鲜花】文字下方的单元格中，在【属性】面板中将【水平】、【垂直】分别设置为【居中对齐】、【底部】，将【高】设置为238，如图8-41所示。

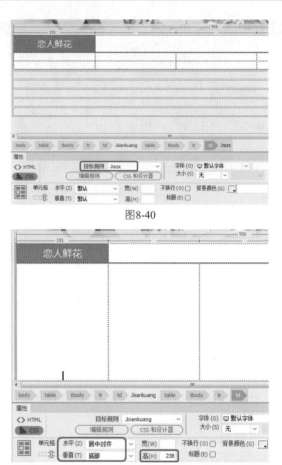

图8-40

图8-41

Step 41 按Ctrl+Alt+I组合键，在弹出的对话框中选择【花1.jpg】素材文件，单击【确定】按钮，将其插入到单元格中，效果如图8-42所示。

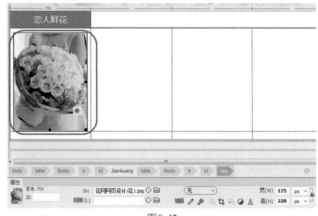

图8-42

Step 42 将光标置于素材图像下方的单元格中，在【属性】面板中将【水平】、【垂直】分别设置为【居中对齐】、【顶端】，将【高】设置为65，如图8-43所示。

Step 43 继续将光标置于该单元格中，按Ctrl+Alt+T组合键，在Table对话框中将【行数】、【列】都设置为3，将【表格宽度】设置为100百分比，如图8-44所示。

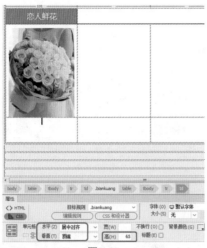

图8-43

图8-44

Step 44 设置完成后，单击【确定】按钮，即可插入一个3行3列的表格，将第一列单元格的【宽度】设置为7，将第二列单元格的【宽度】设置为176，将第三列单元格的【宽度】设置为7，效果如图8-45所示。

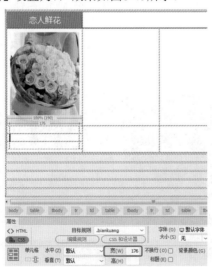

图8-45

Step 45 将光标置于第一行的第二列单元格中，输入【相濡以沫】，选中该文字，新建.ydwz1样式，在【.ydwz1的CSS规则定义】对话框中将Font-size设置为12px，将Color设置为#000，如图8-46所示。

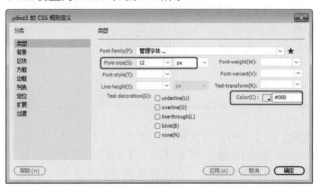

图8-46

Step 46 再在该对话框中选择【分类】列表框中的【区块】选项，将Text-align设置为center，设置完成后，单击【确定】按钮，选中该文字，为其应用该样式，在【属性】面板中将【背景颜色】设置为#f4f5f0，如图8-47所示。

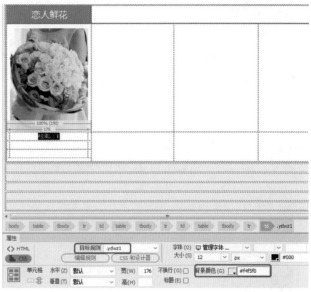

图8-47

Step 47 将光标置于该单元格的下方，输入【原价：¥169.00元】，选中输入的文字，新建.ydwz2样式，在【.ydwz2的CSS规则定义】对话框中将Font-size设置为12px，将Color设置为#CCC，选中line-through复选框，如图8-48所示。

◎提示·•

　　选中line-through复选框后，将会在应用样式的对象上添加删除线。

图8-48

Step 48 在【分类】列表框中选择【区块】选项,将Text-align设置为center,单击【确定】按钮,选中输入的文字,应用新建的样式,将【背景颜色】设置为#f4f5f0,如图8-49所示。

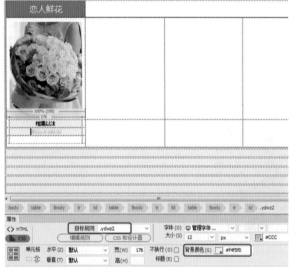

图8-49

Step 49 使用相同的方法,再在其下方的单元格中输入其他文字,并进行相应的设置,效果如图8-50所示。

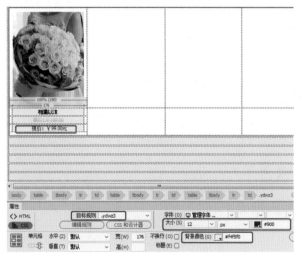

图8-50

Step 50 使用相同的方法,在其右侧的单元格中插入图像和表格,并输入文字,效果如图8-51所示。

图8-51

Step 51 根据前面所介绍的方法制作网页中的其他内容,效果如图8-52所示。

图8-52

实例 092 装饰公司网页设计

● 素材:素材\Cha08\装饰公司网页设计
● 场景:场景\Cha08\实例092 装饰公司网页设计.html

本实例将介绍如何进行装饰公司网页设计,该实例主要通过插入表格、插入鼠标经过图像,以及为单元格添加阴影等操作,来完成装饰公司网页设计的制作,效果如图8-53所示。

图8-53

Step 01 按Ctrl+N组合键，在弹出的对话框中选择【新建文档】选项，在【文档类型】列表框中选择HTML，在【框架】列表框中选择【无】，将【文档类型】设置为HTML 4.01 Transitional，如图8-54所示。

图8-54

Step 02 设置完成后，单击【创建】按钮，在【页面属性】对话框中选择【外观（HTML）】选项，将【左边距】设置为0.5px，单击【确定】按钮。然后按Ctrl+Alt+T组合键，在弹出的对话框中将【行数】、【列】分别设置为5、1，将【表格宽度】设置为972像素，如图8-55所示。

图8-55

Step 03 设置完成后，单击【确定】按钮，将光标置于第一行单元格中，按Ctrl+Alt+T组合键，在弹出的对话框中将【行数】、【列】分别设置为3、6，将【表格宽度】设置为972像素，如图8-56所示。

图8-56

Step 04 设置完成后，单击【确定】按钮，选中第一列的3行单元格，右击，在弹出的快捷菜单中选择【表格】|【合并单元格】命令，如图8-57所示。

图8-57

Step 05 将光标置于合并后的单元格中，在【属性】面板中将【宽】设置为39，如图8-58所示。

图8-58

Step 06 设置完成后，将光标置于第二列的第二行单元格中，按Ctrl+Alt+I组合键，在弹出的对话框中选择【素材\Cha08\装饰公司网页设计\装饰公司Logo.png】素材文件，单击【确定】按钮，在【属性】面板中将该图像的【宽】、【高】分别设置为245、33px，如图8-59所示。

图8-59

Step 07 设置完成后，将光标置于该图像的右侧，按Shift+Enter组合键另起一行，输入文字，选中输入的文字，右击，在弹出的快捷菜单中选择【CSS样式】|【新建】命令，如图8-60所示。

Step 08 在弹出的对话框中将【选择器名称】设置为wz1，单击【确定】按钮，在弹出的对话框中将Font-family设置为【微软雅黑】，将Font-size设置为12px，如图8-61所示。

图8-60

图8-61

Step 09 再在该对话框中选择【分类】列表框中的【区块】选项，将Letter-spacing设置为10px，如图8-62所示。

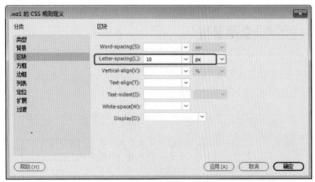

图8-62

Step 10 设置完成后，单击【确定】按钮，继续选中该文字，为其应用新建的CSS样式，将光标置于该单元格中，在【属性】面板中将【水平】、【垂直】分别设置为【居中对齐】、【顶端】，将【宽】设置为271，如图8-63所示。

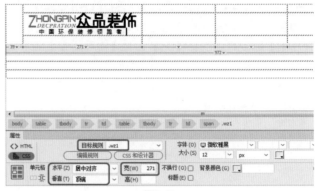

图8-63

Step 11 将光标置于第三列的第二行单元格中，输入【[选择城市]】，选中该文字，新建.jhwz样式，在【.jhwz的CSS规则定义】对话框中将Font-size设置为12px，将Color设置为#F57921，如图8-64所示。

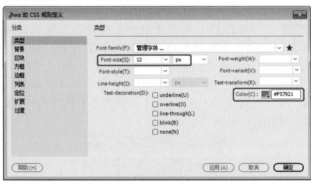

图8-64

Step 12 设置完成后，单击【确定】按钮，为该文字应用新建的样式，在【属性】面板中将【宽】设置为146，如图8-65所示。

图8-65

Step 13 选中第四列的3行单元格，右击，在弹出的快捷菜单中选择【表格】|【合并单元格】命令，如图8-66所示。

Step 14 将光标置于合并后的单元格中，在【属性】面板中将【水平】、【垂直】分别设置为【居中对齐】、【居中】，将【宽】设置为77，如图8-67所示。

图8-66

图8-67

Step 15 按Ctrl+Alt+I组合键，在弹出的对话框中选择【电话.png】素材文件，单击【确定】按钮，将其插入至合并后的单元格中，将光标置于第五列的第二行单元格中，输入文字，选中输入的文字，右击，在弹出的快捷菜单中选择【CSS样式】|【新建】命令，如图8-68所示。

图8-68

Step 16 在弹出的对话框中将【选择器名称】设置为wz2，单击【确定】按钮，在弹出的对话框中将Font-size设置为12px，将Color设置为#666，如图8-69所示。

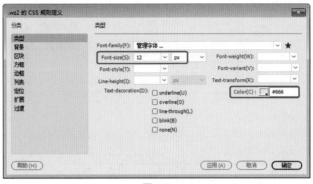

图8-69

Step 17 设置完成后，为该文字应用新建的CSS样式，再在该单元格中输入【400-100-1234 400-100-4567】，选中输入的文字，新建.wz3样式，在图8-70所示的对话框中将Font-size设置为20px，将Font-weight设置为bold，将Color设置为#F57921。

◎提示·•

按Shift+Ctrl+空格键可以适当调整文本间的距离。

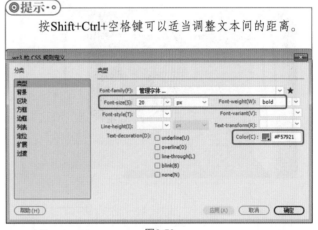

图8-70

Step 18 设置完成后，单击【确定】按钮，为该文本应用新建的CSS样式，在【属性】面板中将【宽】设置为317，如图8-71所示。

图8-71

Step 19 选中第六列的3行单元格，将其进行合并，将光标置于合并后的单元格中，插入【logo157.jpg】素材文件，将其【宽】、【高】分别设置为100px、79px，如图8-72所示。

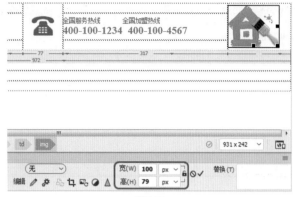

图8-72

Step 20 将光标置于5行表格的第二行单元格中，按Ctrl+Alt+I组合键，在弹出的对话框中选择【效果图.jpg】素材文件，单击【确定】按钮，将其【宽】、【高】分别设置为972px、566px，效果如图8-73所示。

图8-73

Step 21 将光标置于5行表格的第三行单元格中，按Ctrl+Alt+T组合键，在弹出的对话框中将【行数】、【列】分别设置为1、11，将【表格宽度】设置为972像素，其他参数均设置为0，如图8-74所示。

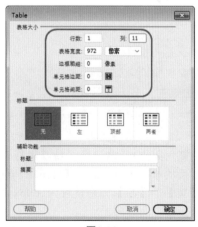

图8-74

Step 22 设置完成后，单击【确定】按钮，选中该表格的第三列至第十列单元格，新建.bk1样式，在【.bk1的CSS规则定义】对话框中选择【边框】选项，取消选中Style、Width、Color下方的【全部相同】复选框，将Left的Style、Width、Color分别设置为solid、thin、#CCC，如图8-75所示。

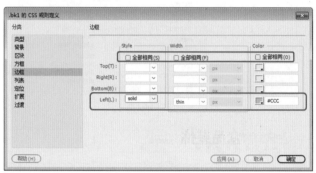

图8-75

Step 23 设置完成后，单击【确定】按钮，为第三列至第十列单元格依次应用该样式，将光标置于第二列单元格中，按Ctrl+Alt+I组合键，在弹出的对话框中选择【首页2.png】素材文件，单击【确定】按钮，在【属性】面板中将【宽】、【高】分别设置为104px、69px，如图8-76所示。

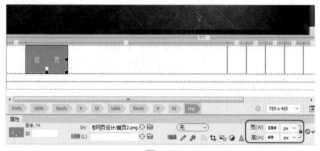

图8-76

Step 24 将光标置于第三列单元格中，在菜单栏中选择【插入】|HTML|【鼠标经过图像】命令，如图8-77所示。

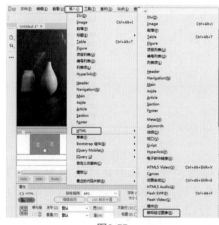

图8-77

Step 25 在弹出的对话框中单击【原始图像】右侧的【浏览】按钮，在弹出的对话框中选择【环保设计1.png】素材文件，单击【确定】按钮；单击【鼠标经过图像】右侧的【浏览】按钮，在弹出的对话框中选择【环保设计2.png】素材文件，如图8-78所示。

图8-78

Step 26 单击【确定】按钮，选中该图像，在【属性】面板中将【宽】、【高】分别设置为104px、69px，如图8-79所示。

◎提示·◦

　　鼠标经过图像是一种在浏览器中查看并使用鼠标指针移过它时发生变化的图像。必须用两个图像来创建鼠标经过图像。

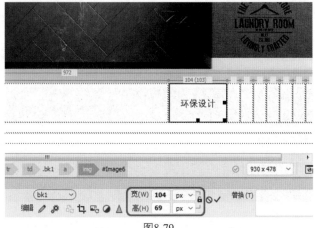

图8-79

Step 27 使用同样的方法插入其他鼠标经过图像，并调整单元格的宽度，效果如图8-80所示。

图8-80

Step 28 将光标置于5行表格的第四行单元格中，在【属性】面板中将【高】设置为80，将【背景颜色】设置为#333333，如图8-81所示。

图8-81

Step 29 在菜单栏中选择【插入】| Div 命令，在弹出的对话框中将ID设置为div，如图8-82所示。

图8-82

Step 30 设置完成后，单击【新建CSS规则】按钮，在弹出的对话框中单击【确定】按钮，再在弹出的对话框中选择【分类】列表框中的【定位】选项，将Position设置为absolute，将Width、Height分别设置为972px、80px，将Top设置为731px，如图8-83所示。

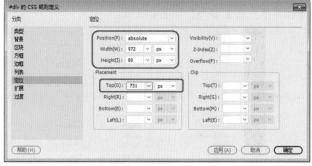

图8-83

◎提示·◦

　　Position用于确定浏览器如何来定位选定的元素，在其下拉列表中包括4个选项，各个选项的功能如下。

　　absolute：是指使用定位框中输入的、相对于最近的绝对或相对定位上级元素的坐标（如果不存在绝对或相对定位的上级元素，则为相对于页面左上角的坐标）来放置内容。

　　fixed：是指使用定位框中输入的、相对于区块在文档文本流中的位置的坐标来放置内容区块。

relative：是指使用定位框中输入的坐标（相对于浏览器的左上角）来放置内容。当用户滚动页面时，内容将在此位置保持固定。

static：是指将内容放在其在文本流中的位置。这是所有可定位的HTML元素的默认位置。

Step 31 设置完成后，单击【确定】按钮，在【插入Div】对话框中单击【确定】按钮，将Div中的文字删除，将光标置于Div中，按Ctrl+Alt+T组合键，在弹出的对话框中将【行数】、【列】分别设置为3、7，将【表格宽度】设置为972像素，其他参数均设置为0，如图8-84所示。

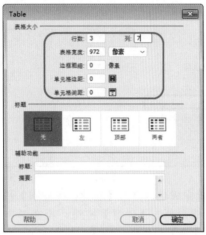

图8-84

Step 32 设置完成后，单击【确定】按钮，选中第一列的两行单元格，右击，在弹出的快捷菜单中选择【表格】|【合并单元格】命令，如图8-85所示。

图8-85

Step 33 将光标置于合并后的单元格中，输入【公司新闻】文字，新建 .gsxw 样式，在【.gsxw的CSS规则定义】对话框中将Font-family设置为【微软雅黑】，将Font-size设置为18px，将Color设置为#FFF，如图8-86所示。

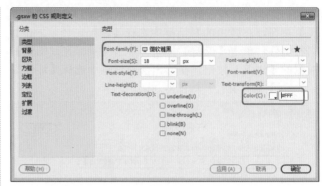

图8-86

Step 34 设置完成后，单击【确定】按钮，为该文字应用新建的样式，在【属性】面板中将【水平】设置为【居中对齐】，将【宽】设置为118，如图8-87所示。

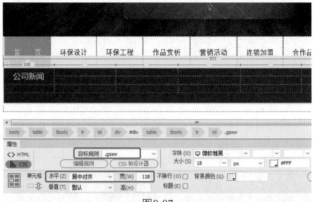

图8-87

Step 35 选择第二列的两行单元格，将其合并，在【属性】面板中将【宽】设置为14，如图8-88所示。

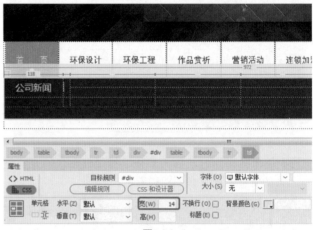

图8-88

Step 36 将光标置于该单元格中，新建.bk2 样式，在【.bk2的CSS规则定义】对话框中选择【分类】列表框中的【边框】选项，取消选中Style、Width、Color下方的【全部相同】复选框，将Left的Style、Width、Color分别设置为dotted、thin、#CCC，如图8-89所示。

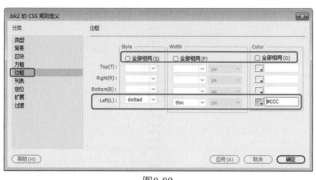

图8-89

Step 37 设置完成后，单击【确定】按钮，为该单元格应用新建的CSS样式，将光标置于第三列的第一行单元格中，输入【#看完风景看实景#实景体验文化节样板房汇总】，新建 .wz4 样式，在【.wz4的CSS规则定义】对话框中将Font-size设置为12px，将Color设置为#CCC，如图8-90所示。

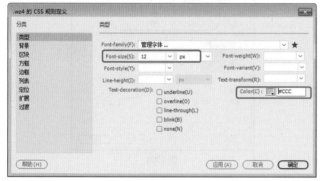

图8-90

Step 38 设置完成后，单击【确定】按钮，为该文字应用新建的CSS样式，在【属性】面板中将【宽】、【高】分别设置为247、30，如图8-91所示。

Step 39 设置完成后，使用同样的方法在其他单元格中输入文字，并应用样式，效果如图8-92所示。

Step 40 选中该表格第三行的所有单元格，按Ctrl+Alt+M组合键合并单元格，将光标置于合并后的单元格中，新建 .yinying 样式，在【CSS设计器】面板中选中该样式，单击【背景】按钮，将box-shadow选项组中的h-shadow、v-shadow、blur、spread分别设置为0px、3px、9px、0px，将color设置为#333333，为合并后的单元格应用该样式，并调整Div的位置，如图8-93所示。

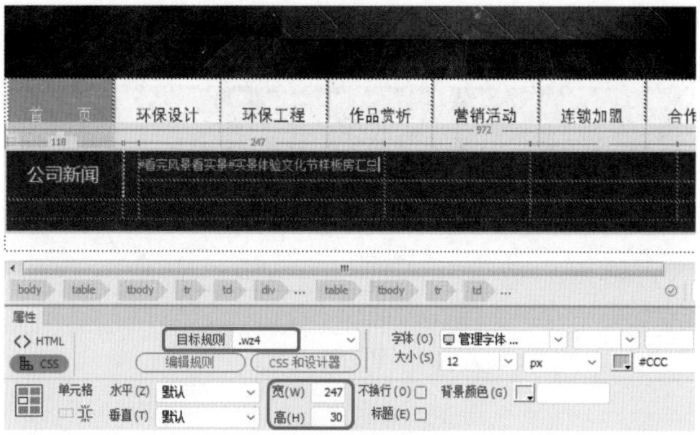

图8-91

图8-92

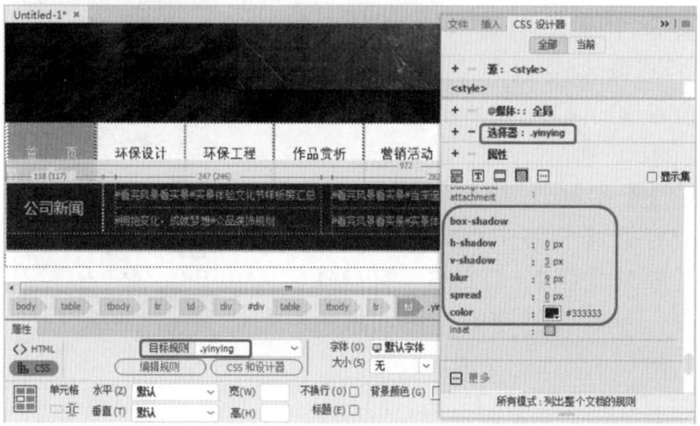

图8-93

Step 41 将光标置于5行表格的第五行单元格中，在【属性】面板中将【水平】设置【居中对齐】，将【高】设置为30，将【背景颜色】设置为#60B029，如图8-94所示。

图8-94

Step 42 在该单元格中输入文字，新建.wz5 样式，将Font-size设置为12px，将Color设置为#FFF，为输入的文字应用该样式，效果如图8-95所示。

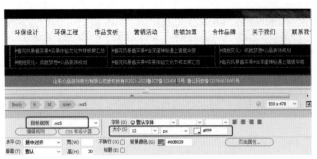

图8-95

本例将讲解如何制作家居网页，主要使用插入表格命令和插入图像命令进行制作，具体操作方法如下，完成后的效果如图8-96所示。

图8-96

Step 01 启动软件后，按Ctrl+N组合键打开【新建文档】对话框，选择【新建文档】| HTML | HTML5 选项，单击【创建】按钮，如图8-97所示。

图8-97

Step 02 进入工作界面后，在菜单栏中选择【插入】| Table 命令，如图8-98所示。

Step 03 在Table对话框中将【行数】设置为1，【列】设置为9，【表格宽度】设置为800像素，其他参数均设置为0，单击【确定】按钮，如图8-99所示。

Step 04 将光标置于第一列单元格中，在【属性】面板中将【宽】设置为135，如图8-100所示。

图8-98

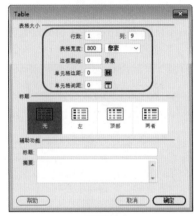

图8-99

图8-100

Step 05 在其他单元格中输入文字，适当调整表格的宽度，并选中带有文字的单元格，在【属性】面板中将【大小】设置为12px，如图8-101所示。

图8-101

Step 06 将光标插入到右侧的表格外，按Enter键换至下一行，再次按Ctrl+Alt+T组合键，打开Table对话框，将【行数】设置为1，【列】设置为4，【表格宽度】设置为800像素，【单元格间距】设置为2，其他参数均设置为0，单击【确定】按钮，如图8-102所示。

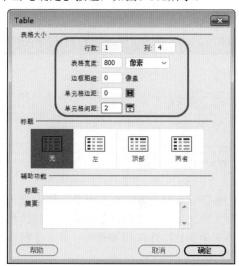

图8-102

Step 07 将光标置于第一列单元格中，按Ctrl+Alt+I组合键，在弹出的对话框中选择【素材\Cha08\良品家居网页设计\标志.jpg】素材文件，单击【确定】按钮，确认光标还在上一步插入的单元格中，在【属性】面板中将【宽】设置为144，如图8-103所示。

图8-103

Step 08 选中第二列单元格，在【属性】面板中单击【拆分单元格为行或列】按钮 北，即可弹出【拆分单元格】对话框，选中【行】单选按钮，将【行数】设置为2，单击【确定】按钮，如图8-104所示。

图8-104

Step 09 将光标插入到上一步拆分的第一行单元格中，在菜单栏中选择【插入】|【表单】|【文本】命令，删除表单左侧的文本内容，在Value文本框中输入【衣柜】，如图8-105所示。

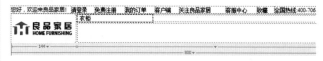

图8-105

Step 10 确认光标还在上一步插入的单元格中，在菜单栏中选择【插入】|【表单】|【按钮】命令，即可插入一个按钮表单，在【属性】面板的Value文本框中输入【搜索】，如图8-106所示。

图8-106

◎ 知识链接•◦

　　按钮可以在单击时执行操作。可以为按钮添加自定义名称或标签，或者使用预定义的【提交】或【重置】标签。使用按钮可将表单数据提交到服务器，或者重置表单。还可以指定其他已在脚本中定义的处理任务。例如，可能会使用按钮根据指定的值计算所选商品的总价。

Step 11 确认光标在上一步插入的单元格中，在【属性】面板中将【垂直】设置为【底部】，【宽】设置为402，【高】设置为59，如图8-107所示。

Step 12 在下一行单元格中输入文字，选中文字，将【垂直】设置为【顶端】，【大小】设置为12 px，将颜色设置为#F60，如图8-108所示。

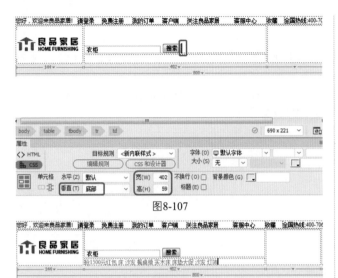
图8-107

图8-108

Step 13 选中第三列单元格，使用前面介绍的方法将第三列单元格拆分成3行，并将光标插入至拆分后的第二行单元格中，在【属性】面板中将【高】设置为30，插入【底图1.jpg】图片，如图8-109所示。

图8-109

Step 14 使用同样的方法拆分第四列单元格，并插入相应的素材图像，效果如图8-110所示。

图8-110

Step 15 使用前面介绍的方法插入一个1行7列、【单元格间距】为0的表格，将第一列单元格的【宽】设置为

116，将剩余的其他单元格的【宽】均设置为114，将所有单元格的【高】设置为38，将【水平】设置为【居中对齐】，将【背景颜色】设置为#DF241B，效果如图8-111所示。

图8-111

Step 16 使用前面介绍的方法在各个单元格中输入文字，选中新输入的文字，在【属性】面板中，将颜色设置为白色，然后单击HTML按钮 <>HTML，单击【粗体】按钮 **B**，如图8-112所示。

图8-112

◎提示·◦

　　除此之外，用户还可以按Ctrl+B组合键对文字进行加粗，或在菜单栏中选择【格式】|【HTML样式】|【加粗】命令来设置加粗效果。

Step 17 根据前面所介绍的方法插入其他表格，并输入相应的文字内容，效果如图8-113所示。

图8-113

Dreamweaver 网页设计与制作 完全实训手册

Step 18 根据前面所介绍的方法将【素材01.jpg】素材文件插入至右侧的单元格中，将图像的【宽】、【高】分别设置为601px、252px，效果如图8-114所示。

图8-114

Step 19 根据前面所介绍的方法，插入表格和图像，输入并设置文字，制作出其他的效果，如图8-115所示。将

光标插入单元格中，在【属性】面板中设置文字的居中效果。

图8-115

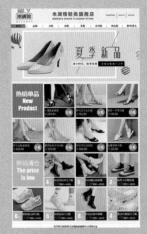

第9章 购物类网页设计

 本章导读

　　购物网站就是为买卖双方交易提供的互联网平台，卖家可以在网站上展示其想出售商品的信息，买家可以从中选择并购买自己需要的物品。本章将介绍购物类网页的设计。

实例 **094** 时尚鞋区网页
设计（一）

⊙ 素材：素材\Cha09\时尚鞋区网页设计（一）
⊙ 场景：场景\Cha09\实例094 时尚鞋区网页设计（一）.html

本例将介绍如何制作时尚鞋区网页（一），首先使用【表格】命令插入表格，然后在表格内插入图片并输入文字，再为输入的文字设置CSS样式，完成后的效果如图9-1所示。

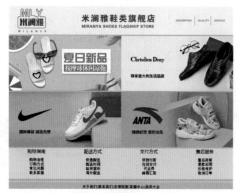

图9-1

Step 01 启动软件后，新建【文档类型】为HTML5的文档，按Ctrl+Alt+T组合键打开Table对话框，在该对话框中将【行数】、【列】分别设置为7、4，将【表格宽度】设置为800像素，将【边框粗细】、【单元格边距】、【单元格间距】均设置为0，单击【确定】按钮，如图9-2所示。

⊙提示・。

表格是网页中最常用的排版方式之一，它可以将数据、文本、图片、表单等元素有序地显示在页面上，从而便于阅读信息。

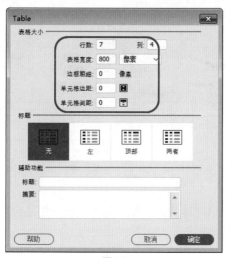

图9-2

Step 02 选择表格第一行的所有单元格，在【属性】面板中单击【合并所选单元格，使用跨度】按钮，如图9-3所示。

图9-3

Step 03 将光标置入合并后的单元格中，按Ctrl+ Alt+I组合键打开【选择图像源文件】对话框，在该对话框中选择【素材\Cha09\时尚鞋区网页设计（一）\横条幅.jpg】素材文件，选择插入的图片，在【属性】面板中将【宽】、【高】比锁定，然后将【宽】设置为800px，效果如图9-4所示。

图9-4

Step 04 选择如图9-5所示的单元格，单击【属性】面板中的【合并所选单元格，使用跨度】按钮。

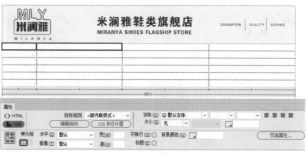

图9-5

Step 05 将光标置入第二行的第一列单元格内，按Ctrl+Alt+I组合键打开【选择图像源文件】对话框，在该对话框中选择【素材\Cha09\时尚鞋区网页设计（一）\鞋1.jpg】素材图片，选择插入的图片，在【属性】面板中将【宽】、【高】比锁定，将【宽】设置为400px，如图9-6所示。

Step 06 使用同样的方法插入其他图片，并设置图片的大小，完成后的效果如图9-7所示。

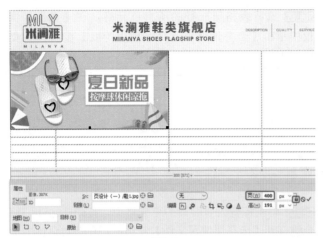

图9-6

图9-9

Step 09 单击【确定】按钮，这样即可为创建的文档设置背景颜色。选择创建的表格，在【属性】面板中将Align设置为【居中对齐】，完成后的效果如图9-10所示。

图9-7

Step 07 选择第四行和第五行的单元格，在【属性】面板中将【背景颜色】设置为#E8E8E8，效果如图9-8所示。

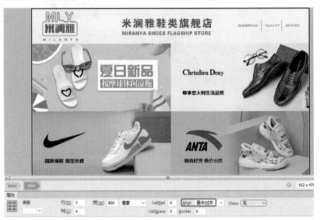

图9-10

Step 10 选择第四行和第五行的单元格，在【属性】面板中将【水平】设置为【居中对齐】，然后在第四行单元格内输入文字【购物指南】、【配送方式】、【支付方式】、【售后服务】，效果如图9-11所示。

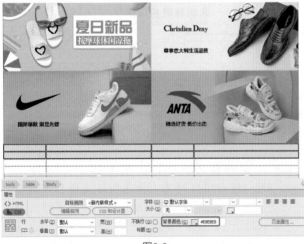

图9-8

Step 08 单击【页面属性】按钮，弹出【页面属性】对话框，在该对话框中选择【外观（HTML）】选项，将【背景】设置为#CCCCCC，将【左边距】、【上边距】均设置为0，如图9-9所示。

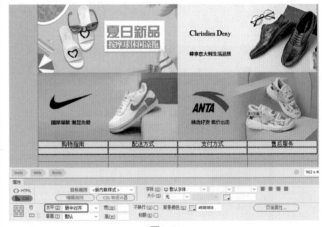

图9-11

Step 11 使用同样的方法输入其他文字，完成后的效果如图9-12所示。

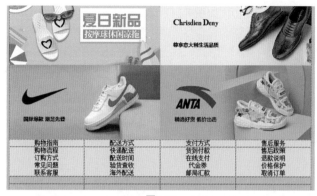

图9-12

Step 12 选择输入的文字，右击，在弹出的快捷菜单中选择【CSS样式】|【新建】命令，弹出【新建CSS规则】对话框，在该对话框中将【选择器类型】设置为【类（应用于任何HTML元素）】，将【选择器名称】设置为L1，将【规则定义】设置为【（仅限该文档）】，如图9-13所示。

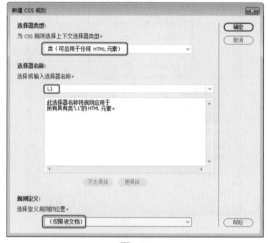

图9-13

Step 13 单击【确定】按钮，弹出【.L1的CSS规则定义】对话框，在该对话框中选择【类型】选项，将Font-size设置为13px，如图9-14所示。

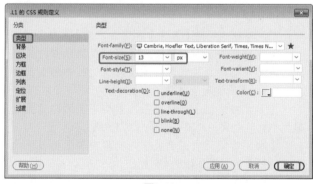

图9-14

Step 14 输入其他的文字，然后将第五行中输入文字的【目标规则】设置为.L1，效果如图9-15所示。

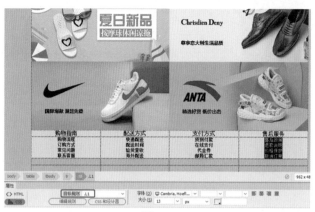

图9-15

Step 15 选择第六行所有的单元格，按Ctrl+Alt+M组合键将所选的单元格合并，将合并后单元格的【高】设置为20。将光标置入合并后的单元格内，选择【插入】|HTML|【水平线】命令，插入水平线，完成后的效果如图9-16所示。

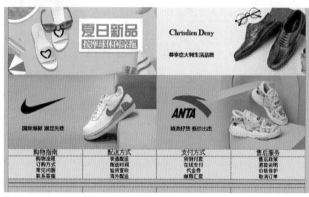

图9-16

Step 16 选择插入的水平线，单击【拆分】按钮，在"hr"后按空格键，然后输入代码"color="#E8E8E8">"，如图9-17所示。

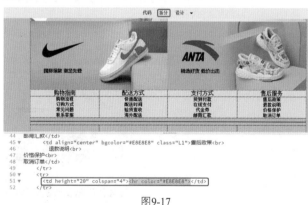

图9-17

Step 17 单击【设计】按钮，选择最后一行单元格，按Ctrl+Alt+M组合键合并单元格，然后在【属性】面板中将【水平】设置为【居中对齐】，效果如图9-18所示。

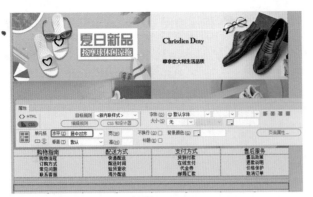

图9-18

Step 18 在最后一行输入文字,选择输入的文字,将文字的【目标规则】设置为.L1,效果如图9-19所示,将文档保存备用即可,将【名称】设置为【实例094 时尚鞋区网页设计(一)】。

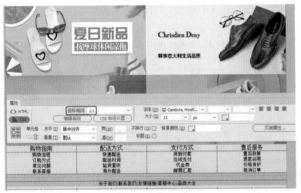

图9-19

实例 095 时尚鞋区网页设计(二)

● 素材:素材\Cha09\时尚鞋区网页设计(二)
● 场景:场景\Cha09\实例095 时尚鞋区网页设计(二).html

本例将介绍如何制作时尚鞋区网页(二),上一实例制作的是网站首页,本实例将制作女鞋网页,主要是插入表格和素材图片,完成后的效果如图9-20所示。

Step 01 启动软件后,新建【文档类型】为HTML5的文档,在菜单栏中选择【文件】|【页面属性】命令,弹出【页面属性】对话框,在该对话框中选择【外观(HTML)】选项,将【左边距】、【上边

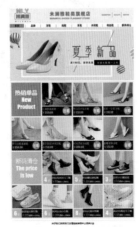

图9-20

距】都设置为0,如图9-21所示。

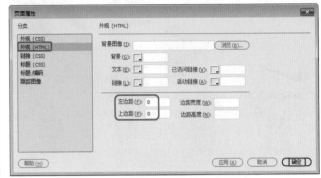

图9-21

Step 02 按Ctrl+Alt+T组合键打开Table对话框,在该对话框中将【行数】、【列】均设置为1,将【表格宽度】设置为800像素,将【边框粗细】、【单元格边距】、【单元格间距】都设置为0,如图9-22所示。

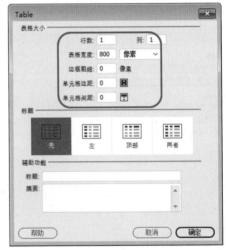

图9-22

◎知识链接•

Table对话框中各选项的功能说明如下。

【行数】和【列】:设置插入表格的行数和列数。

【表格宽度】:设置插入表格的宽度。可以在文本框中设置表格宽度,在文本框右侧的下拉列表框中选择宽度单位,包括【像素】和【百分比】两种。

【边框粗细】:设置插入表格边框的粗细值。当应用表格规划网页格式时,通常将【边框粗细】设置为0,在浏览网页时表格将不会显示。

【单元格边距】:设置插入表格中单元格边界与单元格内容之间的距离。默认值为1像素。

【单元格间距】:设置插入表格中单元格与单元格之间的距离。默认值为4像素。

【标题】:设置插入表格内标题所在单元格的样式。共有四种样式可选,包括【无】、【左】、【顶部】和【两者】。

【辅助功能】：辅助功能包括【标题】和【摘要】两个选项。【标题】是指在表格上方居中显示表格外侧标题。【摘要】是指对表格的说明。【摘要】内容不会显示在【设计】视图中，只有在【代码】视图中才可以看到。

Step 03 将光标置于插入的表格内，按Ctrl+Alt+I组合键，打开【选择图像源文件】对话框，在该对话框中选择【素材\Cha09\时尚鞋区网页设计（二）\女鞋标题.jpg】素材文件，单击【确定】按钮，即可置入图片。将图片的宽高比锁定，将【宽】设置为800px，如图9-23所示。

图9-23

Step 04 选择表格，将Align设置为【居中对齐】，完成后的效果如图9-24所示。

图9-24

Step 05 将光标置入表格的右侧，选择【插入】| Table 命令，弹出Table对话框，在该对话框中，将【行数】、【列】分别设置为1、15，将【表格宽度】设置为800像素，其他保持默认设置，单击【确定】按钮即可插入表格。选择插入的表格，将Align设置为【居中对齐】，完成后的效果如图9-25所示。

图9-25

Step 06 选择插入表格的第一列和第十五列单元格，在【属性】面板中将【宽】设置为90，选择第三、五、七、九、十一、十三列单元格，将【宽】设置为80，选择剩余的单元格，将【宽】设置为20，完成后的效果如图9-26所示。

图9-26

Step 07 选择所有的单元格，在【属性】面板中将【水平】设置为【居中对齐】。将光标置入第一列单元格内，将【背景颜色】设置为#FF6699。然后在表格内输入文字【首页】，选择输入的文字，右击，在弹出的快捷菜单中选择【CSS样式】|【新建】命令，弹出【新建CSS规则】对话框，在该对话框中将【选择器类型】设置为【类（可应用于任何HTML元素）】，将【选择器名称】设置为L1，将【规则定义】设置为【（仅限该文档）】，如图9-27所示。

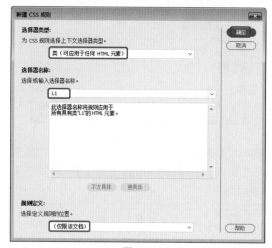

图9-27

Step 08 单击【确定】按钮，弹出【.L1的CSS规则定义】对话框，在该对话框中选择【分类】列表框中的【类型】选项，将Font-size设置为15px，如图9-28所示。

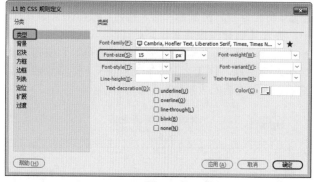

图9-28

Step 09 单击【确定】按钮，输入剩余的文字，并将输入文字的【目标规则】设置为.L1，然后在宽为20px的单元格内输入【|】，将其颜色设置为#F69，完成后的效果如图9-29所示。

图9-29

Step 10 将光标置入表格的右侧，选择【插入】| Table 命令，弹出Table对话框，在该对话框中，将【行数】、【列】均设置为1，将【表格宽度】设置为800像素，其他

保持默认设置，如图9-30所示。

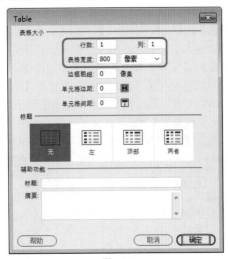

图9-30

Step 11 单击【确定】按钮即可插入表格，选择插入的表格，在【属性】面板中将Align设置为【居中对齐】，如图9-31所示。

图9-31

Step 12 将光标置入刚刚插入的表格内，按Ctrl+Alt+I组合键，打开【选择图像源文件】对话框，在该对话框中选择【女鞋广告.jpg】素材图片，单击【确定】按钮，选择插入的图片，将【宽】设置为800px，将图片的宽高比锁定，完成后的效果如图9-32所示。

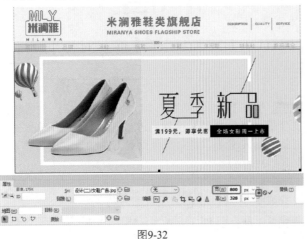

图9-32

Step 13 将光标置入表格的右侧，选择【插入】| Table 命令，弹出Table对话框，将【行数】、【列】均设置为4，将【表格宽度】设置为800像素，将【边框粗细】

设置为0，将【单元格边距】、【单元格间距】分别设置置为0、8，选择插入的表格，将Align设置为【居中对齐】，完成后的效果如图9-33所示。

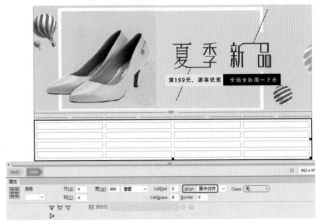

图9-33

Step 14 选择插入的表格，单击【拆分】按钮，在命令行中按空格键，在弹出的快捷菜单中双击bgcolor选项，然后输入命令，如图9-34所示。

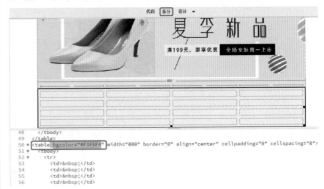

图9-34

Step 15 单击【设计】按钮，选择刚刚插入表格内的所有单元格，在【属性】面板中将【宽】、【高】分别设置为190、195，将【水平】设置为【居中对齐】，完成后的效果如图9-35所示。

图9-35

Step 16 将光标置入表格第一列的第一行单元格中，在【属性】面板中将【背景颜色】设置为#FF6699，完成后的效果如图9-36所示。

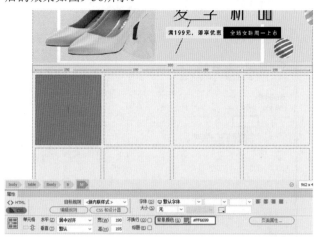

图9-36

Step 17 在该单元格内输入文字【热销单品】，选择输入的文字，右击，在弹出的快捷菜单中选择【CSS样式】|【新建】命令，弹出【新建CSS规则】对话框，在该对话框中将【选择器名称】设置为L2，单击【确定】按钮，如图9-37所示。

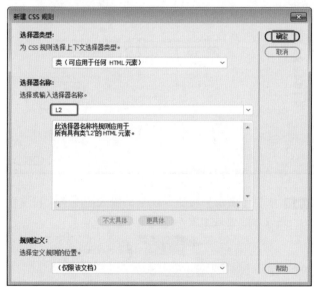

图9-37

Step 18 在弹出的对话框中选择【分类】列表框中的【类型】选项，将Font-family设置为Impact, Haettenschweiler, Franklin Gothic Bold, Arial Black, sans-serif，将Font-size设置为36px，将Font-weignt设置为400，将Color设置为#FFF，完成后的效果如图9-38所示。

Step 19 单击【确定】按钮，然后为输入的文字应用该规则，单击【属性】面板中的HTML按钮，单击【粗体】按钮，完成后的效果如图9-39所示。

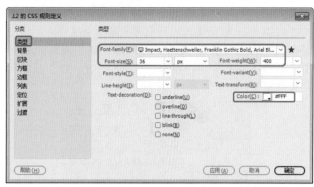

图9-38

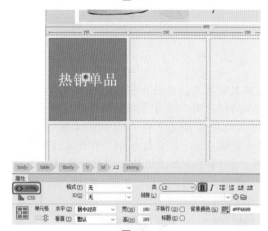

图9-39

Step 20 继续在该单元格内输入英文，并为输入的英文应用.L2规则，完成后的效果如图9-40所示。

Step 21 将光标置入第二列的第一行单元格内，按Ctrl+Alt+T组合键，打开Table对话框，在该对话框中将【行数】、【列】均设置为2，将【表格宽度】设置为190像素，将【边框粗细】、【单元格边距】、【单元格间距】都设置为0，如图9-41所示。

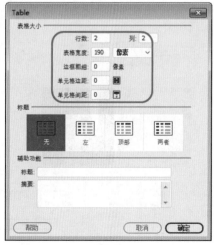

图9-40

图9-41

Step 22 单击【确定】按钮即可插入表格，然后选择插入表格第一行单元格内的所有单元格，按Ctrl+Alt+M组合键进行合并，将第二行第一列、第二列单元格的【宽】、【高】分别设置为122、53，68、53，完成后的效果如图9-42所示。

图9-42

Step 23 将光标置入刚刚插入表格的第一行单元格内，按Ctrl+Alt+I组合键，打开【选择图像源文件】对话框，在该对话框中选择【素材\Cha09\时尚鞋区网页设计（二）\女鞋01.jpg】素材图片，单击【确定】按钮，选择插入的图片，在【属性】面板中将【宽】设置为190px，锁定对象的长宽比，如图9-43所示。

图9-43

Step 24 选择刚刚插入表格的第二行所有单元格，在【属性】面板中将【背景颜色】设置为#242424，完成后的效果如图9-44所示。

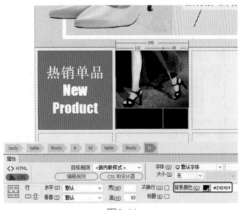

图9-44

Step 25 在单元格内输入文字【小清新高跟鞋】，右击，在弹出的快捷菜单中选择【CSS样式】|【新建】命令，在弹出的对话框中将【选择器名称】设置为L3，单击【确定】按钮，如图9-45所示。

图9-45

Step 26 将Font-size设置为15px，将Color设置为#FFF，如图9-46所示。

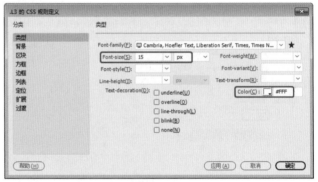

图9-46

Step 27 单击【确定】按钮，然后为输入的文字应用该样式。完成后的效果如图9-47所示。

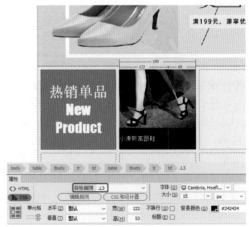

图9-47

Step 28 继续输入文字【¥359.00】，右击，在弹出的快捷菜单中选择【CSS样式】|【新建】命令，在弹出的对话框中将【选择器名称】设置为L4，单击【确定】按钮，在弹出的对话框中将Font-family设置为Impact, Haettenschweiler, Franklin Gothic Bold, Arial Black, Sans-serif，将Font-size设置为18px，将Color设置为#F69，如图9-48所示。

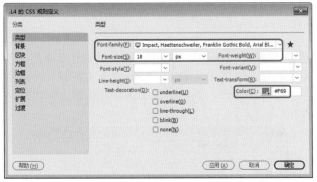

图9-48

Step 29 单击【确定】按钮，为刚刚输入的文字应用.L4样式，完成后的效果如图9-49所示。

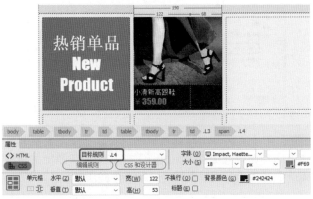

图9-49

Step 30 将光标置入第二行的第二列单元格内，按Ctrl+Alt+I组合键，打开【选择图像源文件】对话框，在该对话框内选择【包邮.jpg】素材图片，单击【确定】按钮，将【宽】、【高】均设置为53px。将第二行第一列单元格的水平对齐方式设置为【左对齐】，将第二行第二列单元格的水平对齐方式设置为【居中对齐】，完成后的效果如图9-50所示。

图9-50

Step 31 使用同样的方法插入图片和输入文字，完成后的效果如图9-51所示。

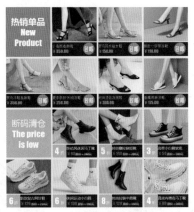

图9-51

Step 32 按Ctrl+Alt+T组合键，打开Table对话框，在该对话框中将【行数】、【列】分别设置为2、1，将【表格宽度】设置为800像素，其他保持默认设置，单击【确定】按钮，如图9-52所示。

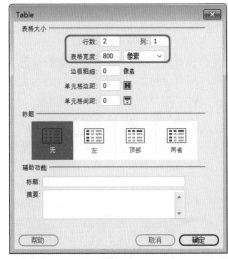

图9-52

Step 33 选择插入的表格，在【属性】面板中将Align设置为【居中对齐】，选择该表格的所有单元格，将【水平】设置为【居中对齐】。将光标置入第一行单元格内，将【高】设置为20，选择【插入】| HTML |【水平线】命令，插入水平线，效果如图9-53所示。

图9-53

Step 34 选择插入的水平线，单击【拆分】按钮，在光标所在行中输入命令"<hr color="#E8E8E8">"，如图9-54所示。

```
268 ▼    <tbody>
269 ▼      <tr>
270 ▼        <td height="20" align="center"><hr color="#E8E8E8"></td>
271         </tr>
272 ▼      <tr>
273         <td align="center"> </td>
274         </tr>
275       </tbody>
276     </table>
```
图9-54

Step 35 单击【设计】按钮，然后在第二行单元格内输入文字，将【大小】设置为13px，效果如图9-55所示。

图9-55

Step 36 将文档保存备用即可，将【名称】设置为【实例095 时尚鞋区网页设计（二）】。

◎提示：•∘

在Dreamweaver的【设计】视图中，无法看到设置的水平线的颜色，可以将文件保存后在浏览器中查看。或者直接单击【实时视图】按钮，在实时视图中观看效果。

实例 096 时尚鞋区网页设计（三）

⦿ 素材：素材\Cha09\时尚鞋区网页设计（三）
⦿ 场景：场景\Cha09\实例096 时尚鞋区网页设计（三）.html

本例将介绍如何制作时尚鞋区网页（三），该网页的内容主要是男女户外运动鞋，然后通过设置链接，将制作的首页、女鞋网页和该网页链接起来，完成后的效果如图9-56所示。

Step 01 继续上一节的操作，在【实例095 时尚鞋区网页设计（二）】场景文件中，选择菜单栏中的【文件】|【另存为】命令，如图9-57所示。

图9-56

图9-57

Step 02 弹出【另存为】对话框，在该对话框中选择场景文件的保存位置，并输入文件名为【实例096 时尚鞋区网页设计（三）】，单击【保存】按钮，如图9-58所示。

图9-58

Step 03 在【实例096 时尚鞋区网页设计（三）】场景文件中选择图片【女鞋标题.jpg】并右击，在弹出的快捷菜单中选择【源文件】命令，如图9-59所示。

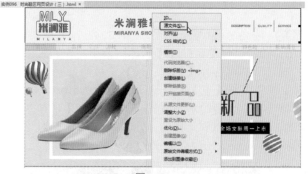
图9-59

Step 04 弹出【选择图像源文件】对话框，在该对话框中选择【素材\Cha09\时尚鞋区网页设计(三)\户外标题.jpg】素材文件，单击【确定】按钮，即可替换【女鞋标题.jpg】素材图片，并在【属性】面板中将图片的【宽】和【高】分别设置为800px和103px，如图9-60所示。

Dreamweaver 网页设计与制作 完全实训手册

选择素材图片后,在【属性】面板中单击Src文本框右侧的【浏览文件】按钮🖿,也可以弹出【选择图像源文件】对话框。

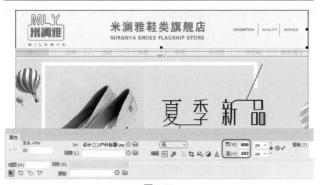

图9-60

Step 05 使用同样的方法,将【女鞋广告.jpg】图片替换为【户外广告.jpg】,效果如图9-61所示。

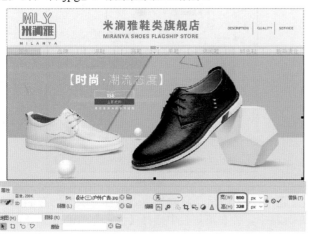

图9-61

Step 06 修改导航栏中的内容,并将【首页】单元格的背景颜色设置为#00CCFF,将竖线的颜色更改为#0CF,效果如图9-62所示。

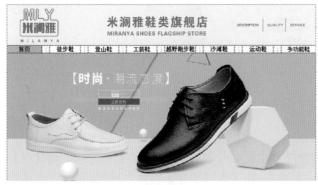

图9-62

Step 07 在文档中选择如图9-63所示的大表格,按Delete键将其删除。

Step 08 在菜单栏中选择【插入】| Table 命令,弹出Table

对话框,将【行数】设置为1,将【列】设置为2,将【表格宽度】设置为800像素,将【边框粗细】、【单元格边距】设置为0,将【单元格间距】设置为8,单击【确定】按钮,如图9-64所示。

图9-63

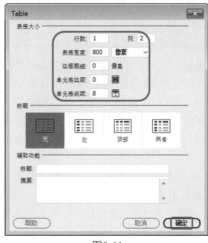

图9-64

Step 09 插入表格后,在【属性】面板中将Align设置为【居中对齐】,切换至【拆分】视图,在"<table"后方按空格键,输入代码"bgcolor="#F3F5F4"",并将光标置入第一个单元格中,在【属性】面板中将【宽】设置为388,如图9-65所示。

图9-65

Step 10 在菜单栏中选择【插入】| HTML |【鼠标经过图像】命令，弹出【插入鼠标经过图像】对话框，单击【原始图像】文本框右侧的【浏览】按钮，如图9-66所示。

图9-66

◎知识链接·◦

　　【插入鼠标经过图像】对话框中各选项功能介绍如下。

　　【图像名称】：鼠标经过图像的名称。

　　【原始图像】：页面加载时要显示的图像。在文本框中输入路径，或单击【浏览】按钮并选择该图像。

　　【鼠标经过图像】：鼠标指针滑过原始图像时要显示的图像。

　　【预载鼠标经过图像】：将图像预先加载到浏览器的缓存中，以便用户将鼠标指针滑过图像时不会发生延迟。

　　【替换文本】：这是一种（可选）文本，为使用只显示文本的浏览器的访问者描述图像。

　　【按下时，前往的 URL】：用户单击鼠标经过图像时要打开的文件。

Step 11 弹出【原始图像】对话框，在该对话框中选择【素材\Cha09\时尚鞋区网页设计(三)\女士户外01.jpg】素材文件，单击【确定】按钮。使用同样的方法，添加【鼠标经过图像】为【女士户外02.jpg】素材文件，如图9-67所示。

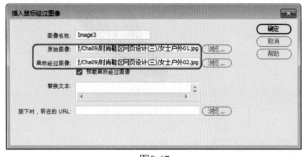

图9-67

Step 12 添加完成后，单击【确定】按钮即可，按F12键进行预览，将鼠标指针放置在【女士专区】图片上，图像会发生变化，如图9-68所示。

图9-68

Step 13 返回至场景中，将光标置入第二个单元格中，按Ctrl+Alt+T组合键，弹出Table对话框，将【行数】和【列】均设置为2，将【表格宽度】设置为388像素，将【边框粗细】、【单元格边距】和【单元格间距】都设置为0，单击【确定】按钮，如图9-69所示。

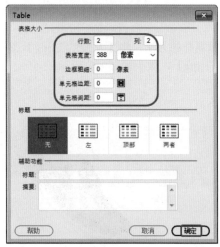

图9-69

Step 14 插入表格后，将光标置入新插入表格的左侧上方单元格中，并在菜单栏中选择【插入】| Table 命令，如图9-70所示。

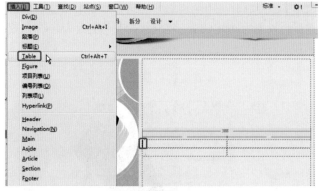

图9-70

Step 15 弹出Table对话框，将【行数】设置为2，将【列】设置为1，将【表格宽度】设置为190像素，单击【确定】按钮，如图9-71所示。

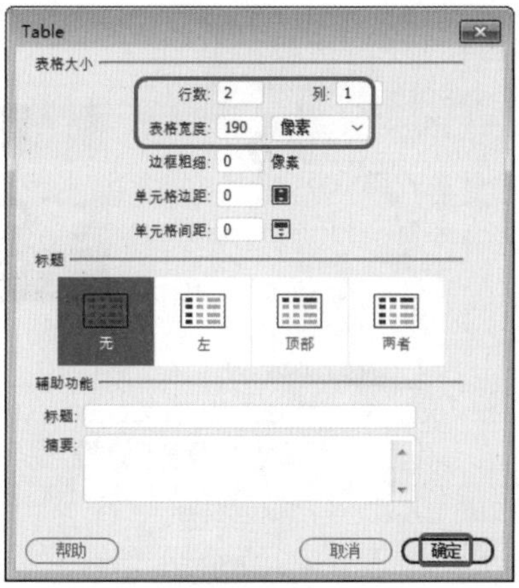

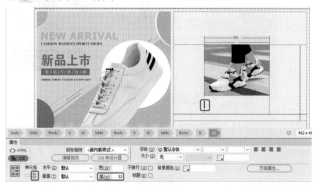
图9-71

Step 16 插入表格后，在【属性】面板中将Align设置为【居中对齐】，如图9-72所示。

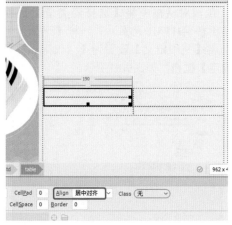
图9-72

Step 17 将光标置入新插入表格的上方单元格中，按Ctrl+Alt+I组合键，在弹出的对话框中选择素材图片【户外01.jpg】，单击【确定】按钮，即可插入素材图片，然后在【属性】面板中将素材图片的【宽】和【高】分别设置为190px、142px，如图9-73所示。

图9-73

Step 18 将光标置入下方的单元格中，在【属性】面板中将【高】设置为53，并单击【拆分单元格为行或列】按钮，如图9-74所示。

图9-74

Step 19 弹出【拆分单元格】对话框，选中【列】单选按钮，将【列数】设置为2，单击【确定】按钮，如图9-75所示。

图9-75

Step 20 将光标置入拆分后的第一个单元格中，在【属性】面板中将【宽】设置为130，将【背景颜色】设置为#242424，如图9-76所示。

图9-76

Step 21 在单元格中输入文字，并选择输入的文字，在【目标规则】下拉列表框中选择样式.L3，即可为输入的文字应用该样式，效果如图9-77所示。

Step 22 使用同样的方法，继续输入文字并应用样式.L4，效果如图9-78所示。

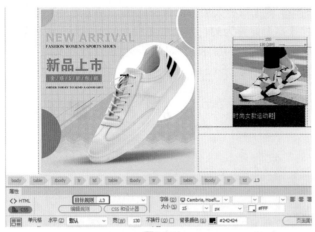

图9-77

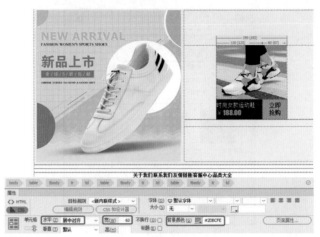

图9-80

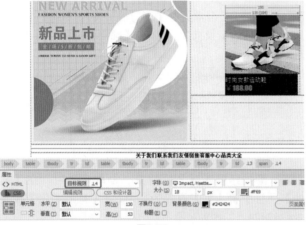

图9-78

Step 25 选择输入的文字并右击，在弹出的快捷菜单中选择【CSS样式】|【新建】命令，弹出【新建CSS规则】对话框，在该对话框中将【选择器类型】设置为【类（可应用于任何HTML元素）】，将【选择器名称】设置为L9，将【规则定义】设置为【（仅限该文档）】，单击【确定】按钮，如图9-81所示。

图9-81

Step 23 单击【属性】面板中CSS按钮右侧的【编辑规则】按钮，弹出【.L4的CSS规则定义】对话框，将Color设置为#2CBDFF，单击【确定】按钮，如图9-79所示，即可更改文字颜色。

Step 26 弹出【.L9的CSS规则定义】对话框，在该对话框中选择【分类】列表框中的【类型】选项，将Font-size设置为14px，将Color设置为#FFF，单击【确定】按钮，如图9-82所示。

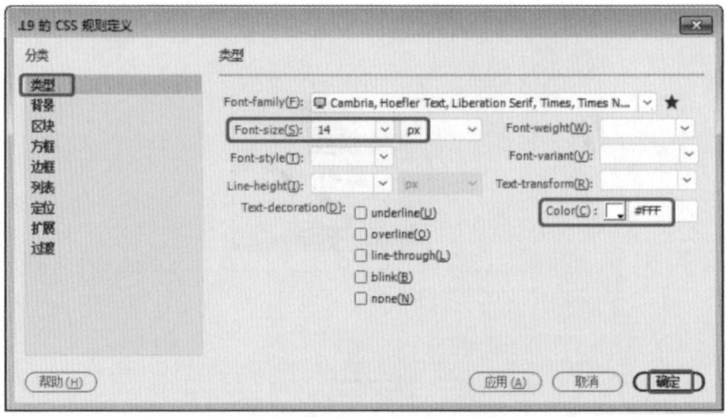

图9-79

Step 24 将光标置入第二个单元格中，将【背景颜色】设置为#2DBCFE，将【水平】设置为【居中对齐】，【宽】设置为60，并在单元格中输入文字，如图9-80所示。

图9-82

Step 27 再次选择文字，在【目标规则】下拉列表框中选择样式.L9，即可为文字应用该样式，效果如图9-83所示。

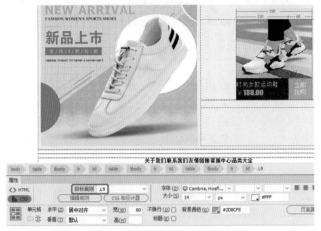

图9-83

Step 28 使用同样的方法，在其他单元格中插入表格，然后在表格中插入图片并输入文字，效果如图9-84所示。

图9-84

Step 29 将光标置入【单元格间距】为8的表格的右侧，然后按Ctrl+Alt+T组合键，弹出Table对话框，将【行数】和【列】均设置为1，将【表格宽度】设置为800像素，将【边框粗细】、【单元格边距】和【单元格间距】都设置为0，单击【确定】按钮，如图9-85所示。

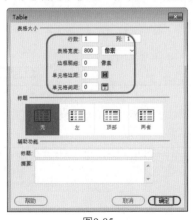

图9-85

Step 30 在【属性】面板中将Align设置为【居中对齐】，将光标置入单元格中，在【属性】面板中将【水平】设置为【居中对齐】，将【背景颜色】设置为#F3F5F4，如图9-86所示。

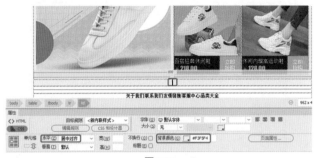

图9-86

Step 31 在新创建的表格中插入鼠标经过图像，结合前面介绍的方法，插入一个1行4列、宽度为800像素、单元格间距为8的表格，并在单元格中添加内容，效果如图9-87所示。

图9-87

Step 32 下面来添加一个链接，返回到【实例094 时尚鞋区网页设计（一）】场景文件中，选择图片【鞋1.jpg】，然后单击【链接】文本框右侧的【浏览文件】按钮 ，如图9-88所示。

图9-88

Step 33 弹出【选择文件】对话框，在该对话框中选择场景文件【实例095 时尚鞋区网页设计（二）.html】，单击【确定】按钮，如图9-89所示。

图9-89

Step 34 即可为图片添加链接，添加链接后，会在【属性】面板的【链接】文本框中显示链接的文件名称，如图9-90所示。

图9-90

Step 35 使用同样的方法，为图片【鞋3.jpg】添加【实例096 时尚鞋区网页设计（三）.html】链接，效果如图9-91所示。

图9-91

- 素材：素材\Cha09\新品女装网页设计（一）
- 场景：场景\Cha09\实例097 新品女装网页设计（一）.html

本例将介绍新品女装网页设计（一）的制作，该网页是网站的首页，主要是输入文字然后插入图片，完成后的效果如图9-92所示。

图9-92

Step 01 新建【文档类型】为HTML5的文档，在【属性】面板中单击【页面属性】按钮，打开【页面属性】对话框，在【分类】列表框中选择【外观（HTML）】选项，将【左边距】和【上边距】都设置为0，单击【确定】按钮。按Ctrl+Alt+T组合键，弹出Table对话框，将【行数】设置为1，将【列】设置为7，将【表格宽度】设置为800像素，将【边框粗细】、【单元格边距】、【单元格间距】都设置为0，单击【确定】按钮，如图9-93所示。

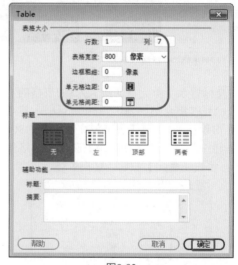

图9-93

Step 02 在【属性】面板中将Align设置为【居中对齐】，如图9-94所示。

图9-94

Step 03 选中所有的单元格，在【属性】面板中将【水平】设置为【居中对齐】，将【背景颜色】设置为 #E3E3E3，如图9-95所示。

图9-95

◎提示·◦

在Dreamweaver中可以使用以下方法来选择单元格。

按住Ctrl键，单击鼠标左键选择单元格。可以通过按住Ctrl键对多个单元格进行选择。

按住鼠标左键并拖动，可以选择单个单元格，也可以选择连续单元格。

将光标放置在要选择的单元格中，在文档窗口状态栏的标签选择器中单击td标签，选定该单元格。

Step 04 将第一个和第二个单元格的【宽】设置为80，将第三个单元格的【宽】设置为340，将其他单元格的【宽】设置为75，如图9-96所示。

图9-96

Step 05 在第一个单元格中输入文字【请登录】，并选择输入的文字，然后右击，在弹出的快捷菜单中选择【CSS样式】|【新建】命令，如图9-97所示。

图9-97

Step 06 弹出【新建CSS规则】对话框，在该对话框中将【选择器类型】设置为【类（可应用于任何HTML元素）】，将【选择器名称】设置为A1，将【规则定义】设置为【（仅限该文档）】，单击【确定】按钮，如图9-98所示。

Step 07 弹出【.A1的CSS规则定义】对话框，在该对话框中选择【分类】列表框中的【类型】选项，将Font-size

设置为12px，将Color设置为#FF669A，单击【确定】按钮，如图9-99所示。

图9-98

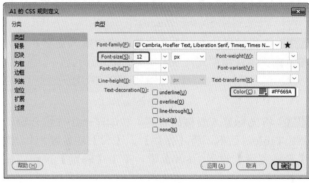

图9-99

Step 08 再次选择文字，在【目标规则】下拉列表框中选择样式.A1，即可为文字应用该样式，效果如图9-100所示。

图9-100

Step 09 在第二个单元格中输入文字【免费注册】，并选择输入的文字，然后右击，在弹出的快捷菜单中选择【CSS样式】|【新建】命令，弹出【新建CSS规则】对话框，在该对话框中将【选择器类型】设置为【类（可应用于任何HTML元素）】，将【选择器名称】设置为A2，将【规则定义】设置为【（仅限该文档）】，单击【确定】按钮，弹出【.A2的CSS规则定义】对话框，在该对话框中选择【分类】列表框中的【类型】选项，将Font-size设置为12px，将Color设置为#999，单击【确定】按钮，如图9-101所示。

Step 10 再次选择文字，在【目标规则】下拉列表框中选择样式.A2，即可为文字应用该样式，效果如图9-102所示。

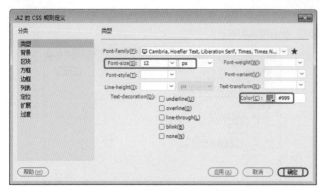

图9-101

图9-102

Step 11 使用同样的方法在其他单元格中输入文字，并为输入的文字应用样式，效果如图9-103所示。

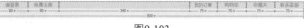

图9-103

Step 12 将光标置入表格的右侧，按Ctrl+Alt+T组合键，弹出Table对话框，将【行数】、【列】均设置为1，将【表格宽度】设置为800像素，单击【确定】按钮，如图9-104所示。

图9-104

Step 13 插入表格后，在【属性】面板中将Align设置为【居中对齐】，如图9-105所示。

图9-105

Step 14 将光标置入单元格中，按Ctrl+Alt+I组合键，弹出【选择图像源文件】对话框，在该对话框中选择【素材\Cha09\新品女装网页设计（一）\标题.jpg】素材图片，单击【确定】按钮，即可将素材图片插入至单元格中，效果如图9-106所示。

图9-106

Step 15 将光标置入新插入表格的右侧，按Ctrl+Alt+T组合键，弹出Table对话框，将【行数】设置为2，将【列】设置为1，将【表格宽度】设置为800像素，单击【确定】按钮，如图9-107所示。

图9-107

Step 16 插入表格后，在【属性】面板中将Align设置为【居中对齐】，将光标置入新插入表格的第一行单元格中，在【属性】面板中将【水平】设置为【居中对齐】，并单击【拆分单元格为行或列】按钮，如图9-108所示。

图9-108

Step 17 弹出【拆分单元格】对话框，选中【列】单选按钮，将【列数】设置为5，单击【确定】按钮，如图9-109所示。

图9-109

Step 18 即可拆分单元格，然后将前4个单元格的【宽】设置为70，将最后一个单元格的【宽】设置为520，并将第一个单元格的【背景颜色】设置为#FF6699，如图9-110所示。

图9-110

Step 19 在第一个单元格中输入文字【首页】，并选择输入的文字，然后右击，在弹出的快捷菜单中选择【CSS样式】|【新建】命令，弹出【新建CSS规则】对话框，在该对话框中将【选择器类型】设置为【类（可应用于任何HTML元素）】，将【选择器名称】设置为A3，将【规则定义】设置为【（仅限该文档）】，单击【确定】按钮，弹出【.A3的CSS规则定义】对话框，在该对话框中选择【分类】列表框中的【类型】选项，将Font-size设置为14px，将Font-weight设置为bold，将Color设置为#FFF，单击【确定】按钮，如图9-111所示。

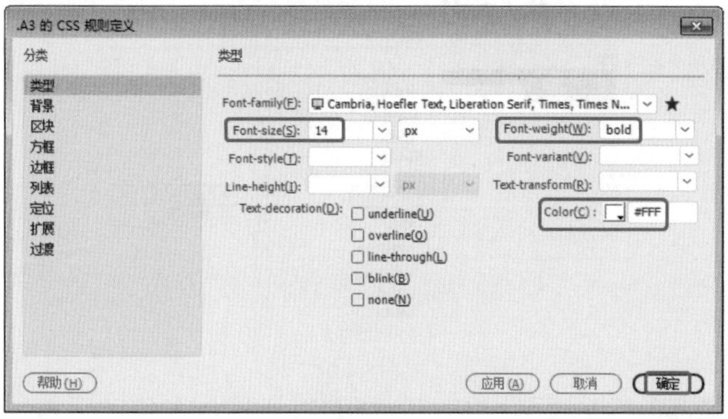

图9-111

Step 20 再次选择文字，在【目标规则】下拉列表框中选择样式.A3，即可为文字应用该样式，效果如图9-112所示。

图9-112

Step 21 在第二个单元格中输入文字【新品】，并选择输入的文字，然后右击，在弹出的快捷菜单中选择【CSS样式】|【新建】命令，弹出【新建CSS规则】对话框，在该对话框中将【选择器类型】设置为【类（可应用于任何HTML元素）】，将【选择器名称】设置为A4，将【规则定义】设置为【（仅限该文档）】，单击【确定】按钮，弹出【.A4的CSS规则定义】对话框，在该对话框中

选择【分类】列表框中的【类型】选项，将Font-size设置为14px，将Font-weight设置为bold，单击【确定】按钮，如图9-113所示。

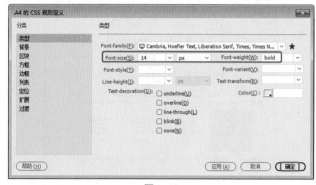

图9-113

Step 22 再次选择文字，在【目标规则】下拉列表框中选择样式.A4，即可为文字应用该样式。使用同样的方法，在其他单元格中输入文字，并应用样式，效果如图9-114所示。

图9-114

Step 23 将光标置入第二行单元格中，在菜单栏中选择【插入】| HTML |【水平线】命令，即可在单元格中插入水平线，然后单击【拆分】按钮，在视图中输入代码，用于更改水平线颜色，如图9-115所示。

图9-115

Step 24 单击【设计】按钮，切换到【设计】视图，将光标置入表格的右侧，按Ctrl+Alt+T组合键，弹出Table对话框，将【行数】设置为1，将【列】设置为2，将【表格宽度】设置为800像素，将【边框粗细】、【单元格边距】和【单元格间距】均设置为0，单击【确定】按钮，如图9-116所示。

Step 25 插入表格后，在【属性】面板中将Align设置为【居中对齐】，将光标置入第一个单元格中，在

【属性】面板中将【宽】设置为220，如图9-117所示。

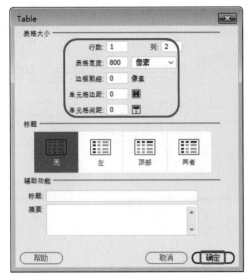

图9-116

图9-117

Step 26 确认光标位于第一个单元格中，按Ctrl+Alt+T组合键，弹出Table对话框，将【行数】设置为10，将【列】设置为1，将【表格宽度】设置为220像素，将【边框粗细】和【单元格边距】设置为0，将【单元格间距】设置为3，单击【确定】按钮，如图9-118所示。

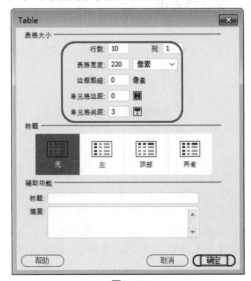

图9-118

Step 27 插入表格后，在第一个单元格中输入文字，然后为输入的文字应用样式.A4，效果如图9-119所示。

图9-119

Step 28 将光标置入第二个单元格中，在单元格中输入文字，并选择输入的文字，然后右击，在弹出的快捷菜单中选择【CSS样式】|【新建】命令，如图9-120所示。

图9-120

Step 29 弹出【新建CSS规则】对话框，在该对话框中将【选择器类型】设置为【类（可应用于任何HTML元素）】，将【选择器名称】设置为A5，将【规则定义】设置为【（仅限该文档）】，单击【确定】按钮，弹出【.A5的CSS规则定义】对话框，在该对话框中选择【分类】列表框中的【类型】选项，将Font-size设置为12px，将Color设置为#666，单击【确定】按钮，如图9-121所示。

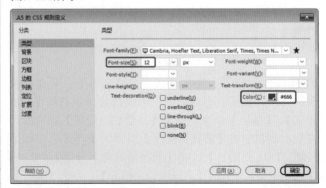

图9-121

Dreamweaver 网页设计与制作 完全实训手册

Step 30 再次选择文字，在【目标规则】下拉列表框中选择样式.A5，即可为文字应用该样式，然后将单元格的【高】设置为40，如图9-122所示。

图9-122

Step 31 使用同样的方法，在其他单元格中输入文字，并为输入的文字应用样式，然后设置单元格的高度，效果如图9-123所示。

图9-123

Step 32 将光标置入大表格的第二个单元格中，按Ctrl+Alt+I组合键，插入【素材\Cha09\新品女装网页设计（一）\女装广告.jpg】素材图片，并在【属性】面板中将素材图片的【宽】、【高】分别设置为580px、295px，如图9-124所示。

图9-124

Step 33 将光标置入大表格的右侧，按Ctrl+Alt+T组合键，弹出Table对话框，将【行数】设置为2，将【列】设置为1，将【表格宽度】设置为800像素，将【边框粗细】、【单元格边距】和【单元格间距】均设置为0，单击【确定】按钮，即可插入表格。在【属性】面板中将Align设置为【居中对齐】，如图9-125所示。

图9-125

Step 34 在新插入表格的第一行单元格中输入文字【连衣裙季】，并选择输入的文字，然后右击，在弹出的快捷菜单中选择【CSS样式】|【新建】命令，弹出【新建CSS规则】对话框，在该对话框中将【选择器类型】设置为【类（可应用于任何HTML元素）】，将【选择器名称】设置为A6，将【规则定义】设置为【（仅限该文档）】，单击【确定】按钮，弹出【.A6的CSS规则定义】对话框，在该对话框中选择【分类】列表框中的【类型】选项，将Font-family设置为【微软雅黑】，将Font-size设置为16px，将Font-weight设置为bold，将Color设置为#F69，单击【确定】按钮，如图9-126所示。

图9-126

Step 35 再次选择文字，在【目标规则】下拉列表框中选择样式.A6，即可为文字应用该样式，效果如图9-127所示。

Step 36 结合前面介绍的方法，在下方的单元格中插入水平线，并设置水平线的颜色，如图9-128所示。

图9-127

图9-130

图9-128

```
120         </tbody>
121       </table>
122 ▼  <table width="800" border="0" align="center" cellpadding="0" cellspacing="0">
123 ▼    <tbody>
124         <tr>
125           <td class="A6">连衣裙季</td>
126         </tr>
127 ▼      <tr>
128           <td><hr color="#FF6699"></td>
```

图9-131

Step 37 将光标置入表格的右侧，按Ctrl+Alt+T组合键，弹出Table对话框，将【行数】设置为1，将【列】设置为2，将【表格宽度】设置为800像素，将【边框粗细】、【单元格边距】和【单元格间距】均设置为0，单击【确定】按钮，即可插入表格，然后在【属性】面板中将Align设置为【居中对齐】，如图9-129所示。

Step 40 在合并后的单元格中插入素材图片【连衣裙1.jpg】，如图9-132所示。

Step 41 使用同样的方法，在下方的两个单元格中插入素材图片【连衣裙2.jpg】和【连衣裙3.jpg】，如图9-133所示。

图9-129

图9-132

图9-133

Step 38 将光标置入左侧单元格中，按Ctrl+Alt+T组合键，弹出Table对话框，将【行数】、【列】均设置为2，将【表格宽度】设置为400像素，单击【确定】按钮，即可插入表格，效果如图9-130所示。

Step 39 选择新插入表格第一行中的所有单元格，在【属性】面板中单击【合并所选单元格，使用跨度】按钮，即可将选择的单元格合并，效果如图9-131所示。

Step 42 将光标置入右侧的单元格中，按Ctrl+Alt+T组合键，弹出Table对话框，将【行数】、【列】均设置为2，将【表格宽度】设置为400像素，单击【确定】按钮，即可插入表格，如图9-134所示。

Step 43 在新插入的表格中插入素材图片，效果如图9-135所示。

Dreamweaver 网页设计与制作 完全实训手册

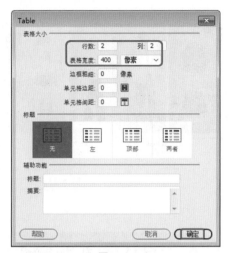

图9-134

图9-135

Step 44 在文档中选择表格，按Ctrl+C组合键进行复制，如图9-136所示。

图9-136

Step 45 将光标置入下方大表格的右侧，按Ctrl+V组合键进行粘贴，然后更改单元格中的文字，效果如图9-137所示。

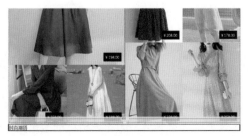

图9-137

Step 46 将光标置入复制后的表格的右侧，然后插入一个1行1列、宽度为800像素的表格，设置表格的Align为【居中对齐】，并在表格中插入素材图片【时尚潮搭.jpg】，效果如图9-138所示。

图9-138

Step 47 将光标置入新插入表格的右侧，按Ctrl+Alt+T组合键，弹出Table对话框，将【行数】设置为5，将【列】设置为4，将【表格宽度】设置为800像素，单击【确定】按钮，即可插入表格，并在【属性】面板中将Align设置为【居中对齐】，效果如图9-139所示。

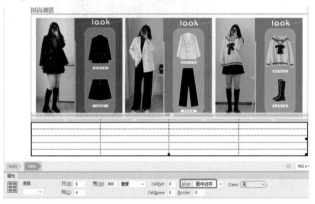

图9-139

Step 48 选择第一行中的所有单元格，在【属性】面板中单击【合并所选单元格，使用跨度】按钮□，即可将选择的单元格合并，然后结合前面介绍的方法，在合并后的单元格中插入水平线，并设置水平线的颜色，如图9-140所示。

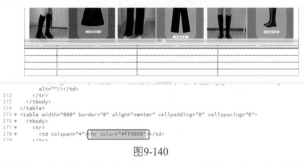

图9-140

Step 49 在表格中选择如图9-141所示的单元格，在【属性】面板中将【水平】设置为【居中对齐】，将【宽】设置为200，将【高】设置为25，如图9-141所示。

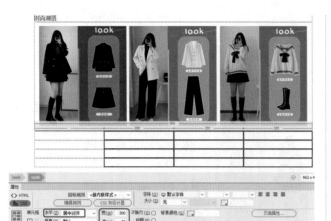

图9-141

Step 50 在第三行的第一个单元格中输入文字，并为输入的文字应用样式.A4，效果如图9-142所示。

图9-142

Step 51 在第四行和第五行的第一个单元格中输入文字，并为输入的文字应用样式.A5，效果如图9-143所示。

图9-143

Step 52 使用同样的方法，在其他单元格中输入文字，并为输入的文字应用样式，效果如图9-144所示。

Step 53 将文档保存备用即可，将【名称】设置为【实例097 新品女装网页设计（一）】。

图9-144

实例 **098** 新品女装网页设计（二）

- 素材：素材\Cha09\新品女装网页设计（二）
- 场景：场景\Cha09\实例098 新品女装网页设计（二）.html

本例将介绍新品女装网页设计（二）的制作，该网页的主要内容是女士T恤，完成后的效果如图9-145所示。

图9-145

Step 01 在【实例097 新品女装网页设计（一）】场景文件中，选择菜单栏中的【文件】|【另存为】命令，弹出【另存为】对话框，在该对话框中选择场景文件的保存位置，并输入文件名为【实例098 新品女装网页设计（二）】，单击【保存】按钮，如图9-146所示。

Step 02 在【实例098 新品女装网页设计（二）】场景文件中将不需要的表格删除，删除表格后的效果如图9-147所示。

图9-146

图9-149

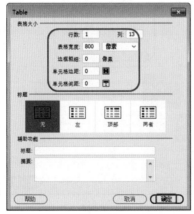

图9-147

图9-150

提示·

按Ctrl+Shift+S组合键也可以弹出【另存为】对话框。

Step 03 将光标置入第二个表格的右侧，按Ctrl+Alt+T组合键，弹出Table对话框，将【行数】设置为1，将【列】设置为13，将【表格宽度】设置为800像素，将【边框粗细】、【单元格边距】、【单元格间距】均设置为0，单击【确定】按钮，即可插入表格，如图9-148所示。

Step 06 在第一个单元格中输入文字【首页】，选择输入的文字并右击，在弹出的快捷菜单中选择【CSS样式】|【新建】命令，弹出【新建CSS规则】对话框，将【选择器类型】设置为【类（可应用于任何HTML元素）】，将【选择器名称】设置为B1，将【规则定义】设置为【（仅限该文档）】，单击【确定】按钮，如图9-151所示。

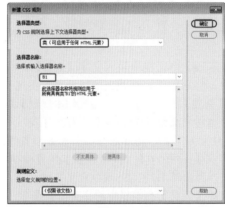

图9-151

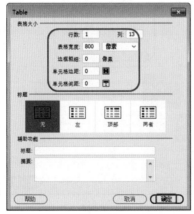

图9-148

Step 04 在【属性】面板中将Align设置为【居中对齐】，然后将第一个单元格的【宽】设置为104，将第二、第四、第六、第八、第十、第十二个单元格的【宽】设置为15，将其他单元格的【宽】设置为101，效果如图9-149所示。

Step 05 选择所有的单元格，在【属性】面板中将【水平】设置为【居中对齐】，如图9-150所示。

Step 07 弹出【.B1的CSS规则定义】对话框，在该对话框中选择【分类】列表框中的【类型】选项，将Font-size设置为14px，将Font-weight设置为bold，将Color设置为#666，单击【确定】按钮，如图9-152所示。

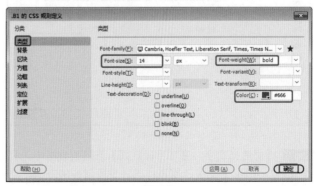

图9-152

Step 08 再次选择文字，在【目标规则】下拉列表框中选择样式.B1，即可为文字应用该样式，效果如图9-153所示。

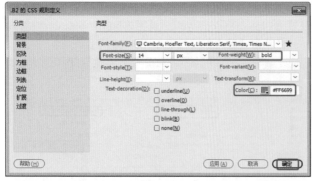

图9-153

Step 09 在第二个单元格内输入【|】，将其颜色设置为#FF6699，效果如图9-154所示。

图9-154

Step 10 在第三个单元格中输入文字【T恤】，并选择输入的文字，然后右击，在弹出的快捷菜单中选择【CSS样式】|【新建】命令，弹出【新建CSS规则】对话框，在该对话框中将【选择器类型】设置为【类（可应用于任何HTML元素）】，将【选择器名称】设置为B2，将【规则定义】设置为【（仅限该文档）】，单击【确定】按钮，弹出【.B2的CSS规则定义】对话框，在该对话框中选择【分类】列表框中的【类型】选项，将Font-size设置为14px，将Font-weight设置为bold，将Color设置为#FF6699，单击【确定】按钮，如图9-155所示。

图9-155

Step 11 再次选择文字，在【目标规则】下拉列表框中选择样式.B2，即可为文字应用该样式。使用同样的方法，在其他单元格中输入文字并应用样式，效果如图9-156所示。

图9-156

Step 12 选择如图9-157所示的单元格，在【属性】面板中将【高】设置为25。

图9-157

Step 13 将光标置入新插入表格的右侧，按Ctrl+Alt+T组合键，弹出Table对话框，将【行数】、【列】均设置为1，将【表格宽度】设置为800像素，将【边框粗细】、【单元格边距】、【单元格间距】均设置为0，单击【确定】按钮，即可插入表格，如图9-158所示。

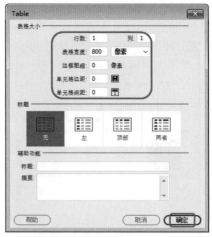

图9-158

Step 14 在【属性】面板中将Align设置为【居中对齐】，然后在表格中插入【素材\Cha09\新品女装网页设计（二）\广告.jpg】图片，如图9-159所示。

Step 15 将光标置入新插入表格的右侧，按Ctrl+Alt+T组合键，弹出Table对话框，将【行数】设置为2，将【列】设置为1，将【表格宽度】设置为800像素，单击【确定】按钮，即可插入表格，在【属性】面板中将Align设置为【居中对齐】，如图9-160所示。

图9-159

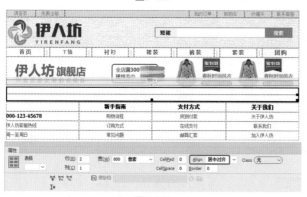

图9-160

Step 16 在第一个单元格中输入文字【纯色百搭】，然后为输入的文字应用样式.A6，效果如图9-161所示。

图9-161

Step 17 将光标置入第二个单元格中，在菜单栏中选择【插入】|HTML|【水平线】命令，即可在单元格中插入水平线，然后单击【拆分】按钮，在视图中输入代码，用于更改水平线的颜色，如图9-162所示。

图9-162

Step 18 单击【设计】按钮，切换到【设计】视图，将光标置入新插入表格的右侧，按Ctrl+Alt+T组合键，弹出Table对话框，将【行数】设置为1，将【列】设置为4，将【表格宽度】设置为800像素，单击【确定】按钮，即可插入表格，在【属性】面板中将Align设置为【居中对齐】，如图9-163所示。

图9-163

Step 19 选择新插入表格中的所有单元格，在【属性】面板中将【水平】设置为【居中对齐】，将【宽】设置为200，如图9-164所示。

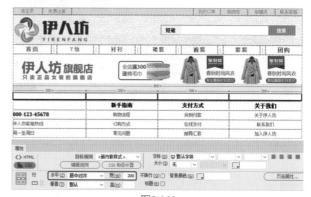

图9-164

Step 20 在4个单元格中分别插入素材图片【纯色百搭1.jpg】、【纯色百搭2.jpg】、【纯色百搭3.jpg】和【纯色百搭4.jpg】，如图9-165所示。

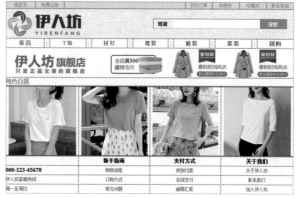

图9-165

Step 21 将光标置入新插入表格的右侧，按Ctrl+Alt+T组合键，弹出Table对话框，将【行数】设置为2，将

【列】设置为4，将【表格宽度】设置为788像素，单击【确定】按钮，即可插入表格，在【属性】面板中将Align设置为【居中对齐】，如图9-166所示。

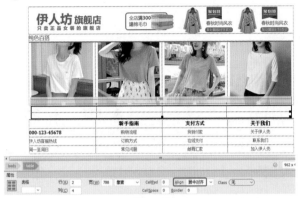

图9-166

Step 22 将第一列单元格的【宽】设置为203，将第二列单元格的【宽】设置为201，将第三列单元格的【宽】设置为199，将第四列单元格的【宽】设置为185，效果如图9-167所示。

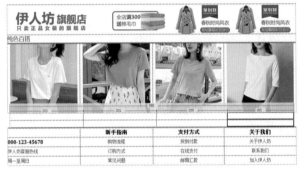

图9-167

Step 23 在第一行单元格中输入文字，并为输入的文字应用样式.A5，效果如图9-168所示。

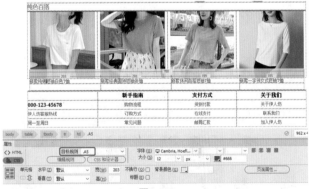

图9-168

Step 24 在第二行的第一个单元格中输入内容【¥35.00】，然后选择输入的内容并右击，在弹出的快捷菜单中选择【CSS样式】|【新建】命令，弹出【新建CSS规则】对话框，在该对话框中将【选择器类型】设置为【类（可应用于任何HTML元素）】，将【选择器名称】设置为B3，将

【规则定义】设置为【（仅限该文档）】，单击【确定】按钮，弹出【.B3的CSS规则定义】对话框，在该对话框中选择【分类】列表框中的【类型】选项，将Font-family设置为Impact, Haettenschweiler, Franklin Gothic Bold, Arial Black, Sans-serif，将Font-size设置为14px，将Color设置为#FF6699，单击【确定】按钮，如图9-169所示。

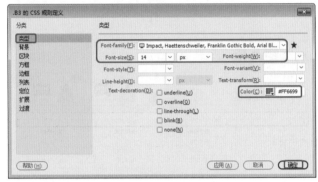

图9-169

Step 25 再次选择新输入的内容，在【目标规则】下拉列表框中选择样式.B3，即可为文字应用该样式。使用同样的方法，在其他单元格中输入文字并应用该样式，效果如图9-170所示。

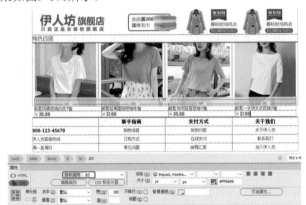

图9-170

Step 26 结合前面介绍的方法，制作其他板块内容，效果如图9-171所示。

图9-171

Dreamweaver 网页设计与制作 完全实训手册

Step 27 制作完成后，按F12键预览，此时可以看到，最后一条水平线的颜色与其他水平线的颜色不同，如图9-172所示。

图9-172

Step 28 因此，返回到Dreamweaver中，结合前面介绍的方法，更改水平线的颜色，效果如图9-173所示。

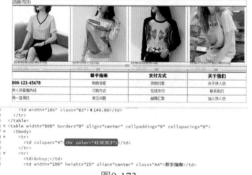

图9-173

实例 **099** 新品女装网页设计（三）

⊙ 素材：素材\Cha09\新品女装网页设计（三）
⊙ 场景：场景\Cha09\实例099 新品女装网页设计（三）.html

本例将介绍新品女装网页设计（三）的制作，该网页的内容主要是女士裤装，然后通过设置链接，将制作的首页、T恤网页和该网页链接起来，完成后的效果如图9-174所示。

Step 01 在【实例098 新品女装网页设计（二）】场景文件中，选择菜单栏中的【文件】|【另存为】命令，弹出【另存为】对话框，在该对话框中选择场景文件的保存位置，并输入文件名为【实例099 新品女装网页设计（三）】，

图9-174

单击【保存】按钮，在【实例099 新品女装网页设计（三）】场景文件中将不需要的表格删除，删除表格后的效果如图9-175所示。

图9-175

Step 02 在导航栏中为文字【T恤】应用样式.B1，为文字【裤装】应用样式.B2，更改样式后的效果如图9-176所示。

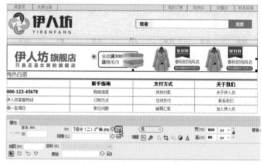

图9-176

Step 03 在下方表格中选择素材图片【广告.jpg】，然后在【属性】面板中单击Src文本框右侧的【浏览文件】按钮，如图9-177所示。

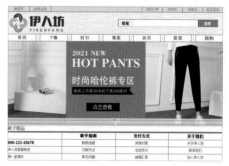

图9-177

Step 04 弹出【选择图像源文件】对话框，在该对话框中选择【素材\Cha09\新品女装网页设计（三）\哈伦裤广告.jpg】图片，单击【确定】按钮，即可在表格中插入选择的素材图片，然后将下方表格中的文字【纯色百搭】更改为【裤子新品】，如图9-178所示。

图9-178

Step 05 将光标置入【裤子新品】所在表格的右侧，按Ctrl+Alt+T组合键，弹出Table对话框，将【行数】设置为1，将【列】设置为7，将【表格宽度】设置为800像素，将【边框粗细】、【单元格边距】和【单元格间距】均设置为0，单击【确定】按钮，即可插入表格，在【属性】面板中将Align设置为【居中对齐】，效果如图9-179所示。

图9-179

Step 06 将第一、第三、第五和第七个单元格的【宽】设置为185，将其他单元格的【宽】设置为20，如图9-180所示。

图9-180

Step 07 将光标置入第一个单元格中，按Ctrl+Alt+T组合键，弹出Table对话框，将【行数】设置为3，将【列】设置为1，将【表格宽度】设置为185像素，单击【确定】按钮，即可插入表格，如图9-181所示。

图9-181

Step 08 将光标置入新插入表格的第一行单元格中，并在该单元格中插入素材图片【女裤01.jpg】，如图9-182所示。

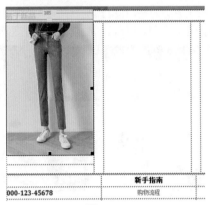

图9-182

Step 09 在第二行和第三行的单元格中输入文字，并分别应用样式.A5和.B3，如图9-183所示。

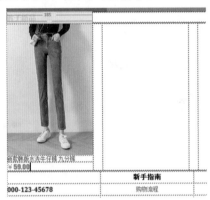

图9-183

Step 10 选择第二行和第三行的单元格，在【属性】面板中将【水平】设置为【居中对齐】，如图9-184所示。

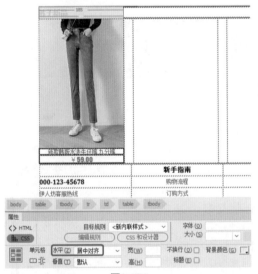

图9-184

Step 11 将光标置入大表格的第二个单元格中，在【属性】面板中将【水平】设置为【居中对齐】，将【垂直】设置为【顶端】，如图9-185所示。

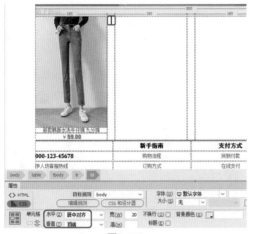

图9-185

Step 12 在该单元格中插入【素材\Cha09\新品女装网页设计（三）\虚线.png】图片，如图9-186所示。

图9-186

Step 13 使用同样的方法，在大表格的其他单元格中添加内容，效果如图9-187所示。

图9-187

Step 14 将光标置入大表格的右侧，按Ctrl+Alt+T组合键，弹出Table对话框，将【行数】设置为1，将【列】设置为3，将【表格宽度】设置为800像素，单击【确定】按钮，即可插入表格，在【属性】面板中将Align设置为【居中对齐】，如图9-188所示。

Step 15 将第一个单元格的【宽】设置为200，将第二个单元格的【宽】设置为190，将第三个单元格的【宽】设置为410，将3个单元格的【高】都设置为70，如图9-189所示。

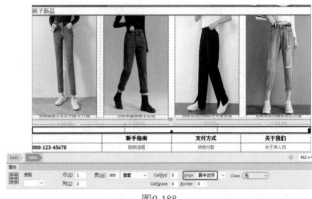

图9-188

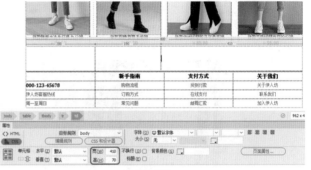

图9-189

Step 16 将光标置入第一个单元格中，在菜单栏中选择【插入】|【表单】|【图像按钮】命令，如图9-190所示。

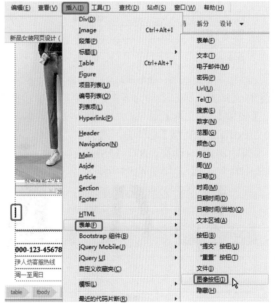

图9-190

Step 17 弹出【选择图像源文件】对话框，在该对话框中选择素材图片【销量.png】，单击【确定】按钮，即可插入图像按钮，如图9-191所示。

Step 18 使用同样的方法，插入其他两个图像按钮，如图9-192所示。

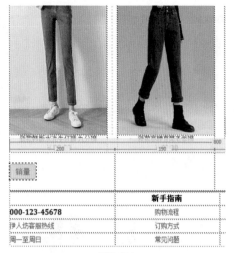

图9-191

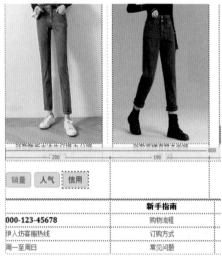

图9-192

Step 19 将光标置入第二个单元格中，在菜单栏中选择【插入】|【表单】|【文本】命令，即可插入文本表单，然后将英文textfield更改为【总价】，选择文本表单，在【属性】面板中将Class设置为B3，将Size设置为4，在Value文本框中输入【¥】，如图9-193所示。

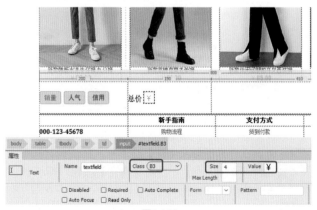

图9-193

◎提示·◎
　　因软件显示限制，在Dreamweaver软件中的表单内输入的符号呈现出"¥"，按F12键预览后效果会正常显示。

Step 20 在文本表单的右侧输入【-】，并继续插入文本表单，将英文删除，然后在【属性】面板中设置文本表单，按F12键预览效果，如图9-194所示。

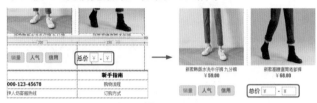

图9-194

Step 21 结合前面介绍的方法，在第三个单元格中插入图像按钮【确定】，如图9-195所示。

图9-195

Step 22 将光标置入表格的右侧，按Ctrl+Alt+T组合键，弹出Table对话框，将【行数】设置为1，将【列】设置为4，将【表格宽度】设置为800像素，单击【确定】按钮，即可插入表格，在【属性】面板中将Align设置为【居中对齐】，如图9-196所示。

图9-196

Step 23 选择所有的单元格，在【属性】面板中将【垂直】设置为【顶端】，将【宽】设置为200，将【背景颜色】设置为#E3E3E3，如图9-197所示。

Step 24 将光标置入第一个单元格中，按Ctrl+Alt+T组合键，弹出Table对话框，将【行数】和【列】均设置为1，将【表格宽度】设置为200像素，将【边框粗细】和【单元格边距】均设置为0，将【单元格间距】设置为8，单击【确定】按钮，如图9-198所示。

图9-197

图9-200

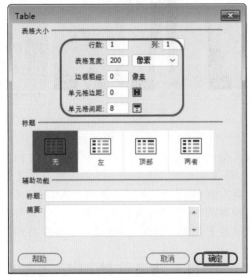

图9-198

Step 25 在单元格中插入表格后，将光标置入新插入的表格中，并在表格中插入素材图片【女裤05.jpg】，如图9-199所示。

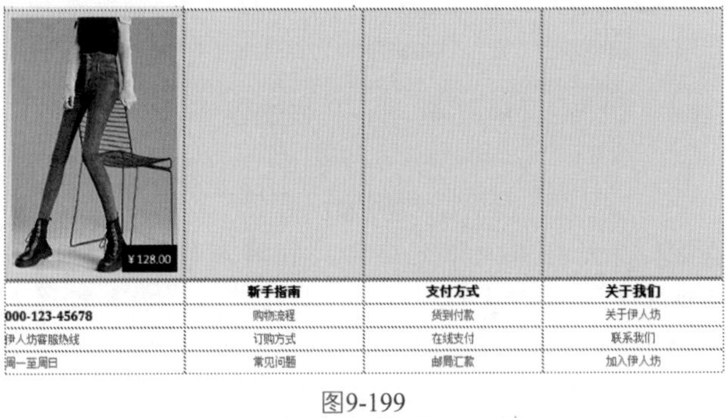

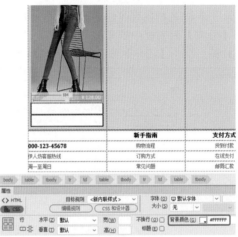

图9-201

Step 28 在第一个单元格中输入文字，并选择输入的文字，然后右击，在弹出的快捷菜单中选择【CSS样式】|【新建】命令，如图9-202所示。

图9-199

Step 26 将光标置入素材图片的右侧，按Ctrl+Alt+T组合键，弹出Table对话框，将【行数】设置为2，将【列】设置为1，将【表格宽度】设置为184像素，将【边框粗细】设置为0，将【单元格边距】设置为5，将【单元格间距】设置为0，单击【确定】按钮，即可插入表格，如图9-200所示。

Step 27 选择新插入表格中的所有单元格，在【属性】面板中将【背景颜色】设置为#FFFFFF，效果如图9-201所示。

图9-202

Step 29 弹出【新建CSS规则】对话框，在该对话框中将【选择器类型】设置为【类（可应用于任何HTML元素）】，将【选择器名称】设置为C1，将【规则定义】设置为【（仅限该文档）】，单击【确定】按钮，如图9-203所示。

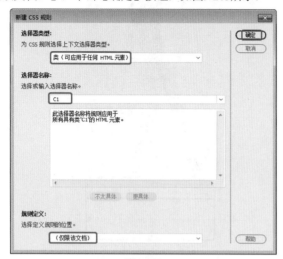

图9-203

Step 30 弹出【.C1的CSS规则定义】对话框，在该对话框中选择【分类】列表框中的【类型】选项，将Font-size设置为12px，单击【确定】按钮，如图9-204所示。

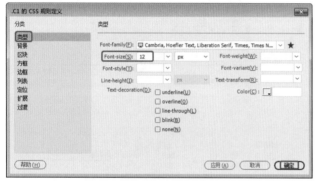

图9-204

Step 31 再次选择新输入的内容，在【目标规则】下拉列表框中选择样式C1，即可为文字应用该样式，然后在第二行单元格中输入内容，并分别为输入的内容应用样式.A5和.A1，效果如图9-205所示。

图9-205

Step 32 结合前面介绍的方法，继续在单元格中插入表格并添加内容，完成后的效果如图9-206所示。

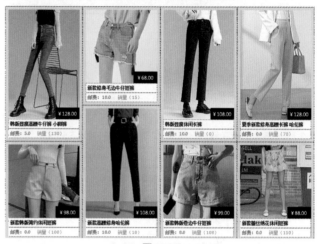

图9-206

Step 33 将光标置入1行4列大表格的右侧，按Ctrl+Alt+T组合键，弹出Table对话框，将【行数】、【列】均设置为1，将【表格宽度】设置为800像素，将【边框粗细】设置为0，将【单元格边距】设置为8，将【单元格间距】设置为0，单击【确定】按钮，即可插入表格，并在【属性】面板中将Align设置为【居中对齐】，如图9-207所示。

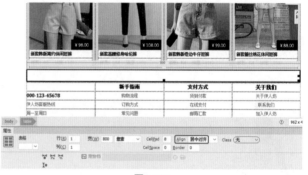

图9-207

Step 34 将光标置入单元格中，在【属性】面板中将【水平】设置为【右对齐】，将【背景颜色】设置为#E3E3E3，然后在单元格中输入文字，并为输入的文字应用样式.A1，效果如图9-208所示。

图9-208

Step 35 返回到【实例097 新品女装网页设计（一）】场景文件中，在【属性】面板中单击【页面属性】按钮，弹出【页面属性】对话框，在左侧【分类】列表框中选择【链接（CSS）】选项，然后将【链接颜色】设置为#000，将【变换图像链接】设置为#FF6699，将【下划线样式】设置为【始终无下划线】，单击【确定】按钮，如图9-209所示。

图9-209

Step 36 在场景文件中选择文字【T恤】，在【属性】面板中单击HTML按钮，然后单击【链接】文本框右侧的【浏览文件】按钮 ，如图9-210所示。

◉提示・◉

　　【链接颜色】用于设置应用了链接的文本的颜色；设置【变换图像链接】颜色，当鼠标指针移至链接上时颜色会发生变化；设置【已访问链接】的色彩，当文字链接被访问后就会呈现设置的颜色；【活动链接】用于设置鼠标指针在链接上单击时应用的颜色。

图9-210

Step 37 弹出【选择文件】对话框，在该对话框中选择场景文件【实例098 新品女装网页设计（二）】，单击【确定】按钮，如图9-211所示。

图9-211

Step 38 即可为选择的文件链接该场景文件，使用同样的方法，为文字【裤装】链接场景文件【实例099 新品女装网页设计（三）】，如图9-212所示。

图9-212

◉知识链接・◉

　　在Dreamweaver中还可以使用以下方法创建链接。
　　选择需要链接的对象，在【属性】面板中单击【链接】文本框右侧的【指向文件】按钮，并将其拖曳至【文件】面板中需要链接的文件上即可。
　　选择需要链接的对象，在菜单栏中选择【修改】|【创建链接】命令。
　　选择需要链接的对象并右击，在弹出的快捷菜单中选择【创建链接】命令。

Step 39 返回到【实例098 新品女装网页设计（二）】场景文件中，在【属性】面板中单击【页面属性】按钮，弹出【页面属性】对话框，在左侧【分类】列表框中选择【链接（CSS）】选项，然后将【链接颜色】设置为#666666，将【变换图像链接】设置为#FF6699，将【下划线样式】设置为【始终无下划线】，单击【确定】按钮，如图9-213所示。

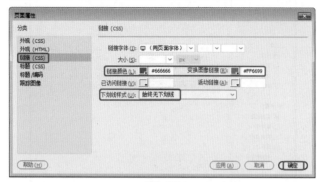

图9-213

Step 40 在导航栏中选择文字【首页】，为其链接【实例097 新品女装网页设计（一）】场景文件，如图9-214所示。

图9-214

Step 41 选择文字【裤装】，为其链接场景文件【实例099 新品女装网页设计（三）】，如图9-215所示。

图9-215

Step 42 使用同样的方法，在【实例099 新品女装网页设计（三）】场景文件中，为导航栏中的文字【首页】和【T恤】分别链接场景文件【实例097 新品女装网页设计（一）】和【实例098 新品女装网页设计（二）】，链接完成后，按F12键预览效果即可，如图9-216所示。

图9-216

实例 100 潮爱包网页设计

- 素材：素材\Cha09\潮爱包网页设计
- 场景：场景\Cha09\实例100 潮爱包网页设计.html

本例将介绍潮爱包网页的制作，该例的制作过程比较复杂，主要是插入多个嵌套表格，然后输入文字并插入图片，完成后的效果如图9-217所示。

图9-217

Step 01 新建【文档类型】为HTML5的文档，在【属性】面板中单击【页面属性】按钮，弹出【页面属性】对话框，在【分类】列表框中选择【外观（HTML）】选项，将【左边距】和【上边距】均设置为0，单击【确定】按钮。按Ctrl+Alt+T组合键，弹出Table对话框，将【行数】设置为2，将【列】设置为1，将【表格宽度】设置为800像素，将【边框粗细】、【单元格边距】、【单元格间距】均设置为0，单击【确定】按钮，即可插入表格，如图9-218所示。

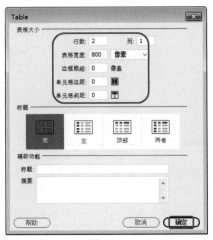

图9-218

Step 02 在【属性】面板中将Align设置为【居中对齐】，如图9-219所示。

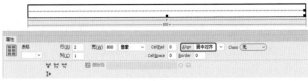

图9-219

Step 03 在第二行单元格中插入【素材\Cha09\潮爱包网页设计\标题.jpg】素材图片，如图9-220所示。

图9-220

Step 04 将光标置入第一行单元格中并右击，在弹出的快捷菜单中选择【CSS样式】|【新建】命令，如图9-221所示。

图9-221

Step 05 弹出【新建CSS规则】对话框，在该对话框中将【选择器类型】设置为【类（可应用于任何HTML元素）】，将【选择器名称】设置为ge1，将【规则定义】设置为【（仅限该文档）】，单击【确定】按钮，如图9-222所示。

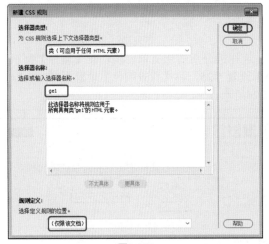

图9-222

Step 06 弹出【.ge1的CSS规则定义】对话框，在该对话框中选择【分类】列表框中的【边框】选项，然后对边框参数进行设置，设置完成后单击【确定】按钮即可，如图9-223所示。

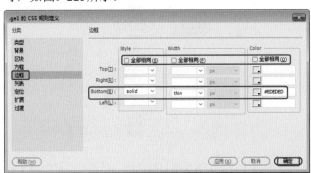

图9-223

Step 07 再次将光标置入第一行单元格中，在【属性】面板的【目标规则】下拉列表框中选择样式.ge1，即可为单元格应用该样式，并单击【拆分单元格为行或列】按钮，弹出【拆分单元格】对话框，选中【列】单选按钮，将【列数】设置为4，单击【确定】按钮，如图9-224所示。

图9-224

Step 08 将拆分后的第一个单元格的【宽】设置为580，将【水平】设置为【右对齐】，将第二个和第三个单元格的【宽】设置为70，将【水平】设置为【居中对齐】，将第四个单元格的【宽】设置为80，将【水平】设置为【居中对齐】，如图9-225所示。

图9-225

Step 09 选择拆分后的所有单元格，在【属性】面板中将【高】设置为25，将【背景颜色】设置为#FAFAFA，如图9-226所示。

图9-226

Step 10 在拆分后的第一个单元格中输入文字，并选择输入的文字，然后右击，在弹出的快捷菜单中选择【CSS样式】|【新建】命令，如图9-227所示。

图9-227

Step 11 弹出【新建CSS规则】对话框，在该对话框中将【选择器类型】设置为【类（可应用于任何HTML元素）】，将【选择器名称】设置为A1，将【规则定义】设置为【（仅限该文档）】，单击【确定】按钮，如图9-228所示。

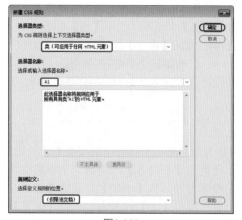

图9-228

Step 12 弹出【.A1的CSS规则定义】对话框，在该对话框中选择【分类】列表框中的【类型】选项，将Font-size设置为12px，将Color设置为#666，单击【确定】按钮，如图9-229所示。

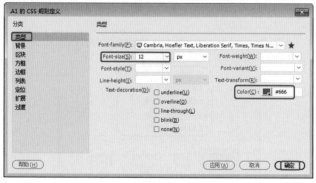

图9-229

Step 13 再次选择文字，在【目标规则】下拉列表框中选择样式.A1，即可为文字应用该样式。使用同样的方法，在其他单元格中输入文字，并应用样式，效果如图9-230所示。

图9-230

Step 14 将光标置入表格的右侧，按Ctrl+Alt+T组合键，弹出Table对话框，将【行数】和【列】均设置为1，将【表格宽度】设置为800像素，单击【确定】按钮，即可插入表格。在【属性】面板中将Align设置为【居中对齐】，如图9-231所示。

图9-231

Step 15 将光标置入新插入的表格中并右击，在弹出的快捷菜单中选择【CSS样式】|【新建】命令，弹出【新建CSS规则】对话框，在该对话框中将【选择器类型】设置为【类（可应用于任何HTML元素）】，将【选择器名称】设置为ge2，将【规则定义】设置为【（仅限该文档）】，单击【确定】按钮，弹出【.ge2的CSS规则定义】对话框，在该对话框中选择【分类】列表框中的【边框】选项，然后对边框参数进行设置，设置完成后单击【确定】按钮即可，如图9-232所示。

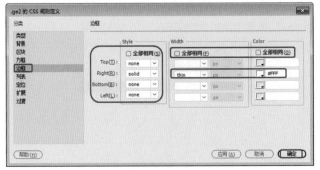

图9-232

Step 16 再次将光标置入表格中,在【属性】面板的【目标规则】下拉列表框中选择样式.ge2,即可为单元格应用该样式,然后将【水平】设置为【居中对齐】,将【高】设置为30,将【背景颜色】设置为#CA2B53,如图9-233所示。

图9-233

Step 17 在【属性】面板中单击【拆分单元格为行或列】按钮,弹出【拆分单元格】对话框,选中【列】单选按钮,将【列数】设置为8,单击【确定】按钮,如图9-234所示。

图9-234

Step 18 选择拆分后的所有单元格,在【属性】面板中将【宽】设置为97,如图9-235所示。

图9-235

Step 19 在拆分后的第一个单元格中输入文字【首页】,选择文本并右击,在弹出的快捷菜单中选择【CSS样式】|【新建】命令,弹出【新建CSS规则】对话框,在该对话框中将【选择器类型】设置为【类(可应用于任何HTML元素)】,将【选择器名称】设置为A2,将【规则定义】设置为【(仅限该文档)】,单击【确

定】按钮,弹出【.A2的CSS规则定义】对话框,在该对话框中选择【分类】列表框中的【类型】选项,将Font-family设置为【微软雅黑】,将Font-size设置为14px,将Color设置为#FFF,单击【确定】按钮,如图9-236所示。

图9-236

Step 20 再次选择文字,在【目标规则】下拉列表框中选择样式.A2,即可为文字应用该样式。使用同样的方法,在其他单元格中输入文字并应用样式,效果如图9-237所示。

图9-237

Step 21 将光标置入表格的右侧,按Ctrl+Alt+T组合键,弹出Table对话框,将【行数】设置为1,将【列】设置为2,将【表格宽度】设置为800像素,单击【确定】按钮,即可插入表格,在【属性】面板中将Align设置为【居中对齐】,如图9-238所示。

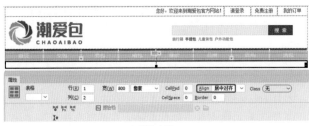

图9-238

Step 22 将第一个单元格的【宽】设置为249,将第二个单元格的【宽】设置为551,将光标置入第一个单元格中,在【属性】面板中将【垂直】设置为【顶端】,如图9-239所示。

Step 23 按Ctrl+Alt+T组合键,弹出Table对话框,将【行数】设置为7,将【列】设置为3,将【表格宽度】设置为249像素,将【边框粗细】和【单元格边距】均设置为0，将【单元格间距】设置为8，单击【确定】按钮，即可插入表格，如图9-240所示。

图9-239

图9-240

Step 24 选择第一行中的所有单元格，在【属性】面板中单击【合并所选单元格，使用跨度】按钮口，即可将选择的单元格合并，如图9-241所示。

图9-241

◎知识链接·◦

在Dreamweaver中还可以使用以下方法合并单元格。
在所选单元格中单击鼠标右键，在弹出的快捷菜单中选择【表格】|【合并单元格】命令。
在菜单栏中选择【修改】|【表格】|【合并单元格】命令。

Step 25 使用同样的方法，合并第二行和最后一行的单元格，效果如图9-242所示。

Step 26 在合并后的第一行单元格中插入【素材\Cha09\潮爱包网页设计\女包.jpg】素材图片，并在【属性】面

板中将素材图片的【宽】和【高】分别设置为233px、209px，效果如图9-243所示。

图9-242

图9-243

Step 27 在合并后的第二行单元格中输入文字【潮流女包】，选择输入的文字并右击，在弹出的快捷菜单中选择【CSS样式】|【新建】命令，弹出【新建CSS规则】对话框，在该对话框中将【选择器类型】设置为【类（可应用于任何HTML元素）】，将【选择器名称】设置为A3，将【规则定义】设置为【（仅限该文档）】，单击【确定】按钮，弹出【.A3的CSS规则定义】对话框，在该对话框中选择【分类】列表框中的【类型】选项，将Font-family设置为【微软雅黑】，将Font-size设置为16px，将Font-weight设置为bold，将Color设置为#CA2B53，单击【确定】按钮，如图9-244所示。

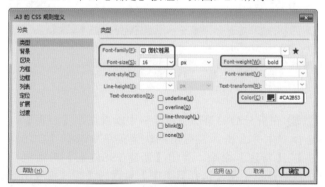

图9-244

Step 28 再次选择文字，在【目标规则】下拉列表框中选

Dreamweaver网页设计与制作 完全实训手册

择样式.A3，即可为文字应用该样式，然后将单元格的【高】设置为35，如图9-245所示。

图9-245

Step 29 选择第三行、第四行、第五行和第六行中的所有单元格，在【属性】面板中将【水平】设置为【居中对齐】，将【高】设置为25，将【背景颜色】设置为#fafafa，如图9-246所示。

图9-246

Step 30 将光标置入最后一行单元格中，在【属性】面板中将【水平】设置为【居中对齐】，将【高】设置为32，将【背景颜色】设置为#fafafa，如图9-247所示。

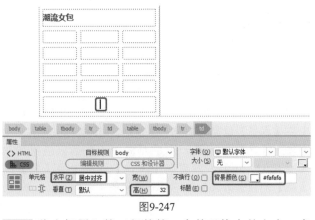

图9-247

Step 31 将光标置入第三行的第一个单元格中并右击，在

弹出的快捷菜单中选择【CSS样式】|【新建】命令，弹出【新建CSS规则】对话框，在该对话框中将【选择器类型】设置为【类（可应用于任何HTML元素）】，将【选择器名称】设置为ge3，将【规则定义】设置为【（仅限该文档）】，单击【确定】按钮，弹出【.ge3的CSS规则定义】对话框，在该对话框中选择【分类】列表框中的【边框】选项，然后对边框参数进行设置，设置完成后单击【确定】按钮即可，如图9-248所示。

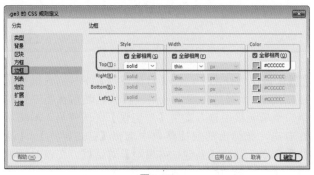

图9-248

Step 32 再次将光标置入该单元格中，在【属性】面板的【目标规则】下拉列表框中选择样式.ge3，即可为单元格应用该样式。使用同样的方法，为其他单元格应用该样式，效果如图9-249所示。

图9-249

Step 33 将光标置入第三行的第一个单元格中，在该单元格中输入文字【双肩包】，选择输入的文字并右击，在弹出的快捷菜单中选择【CSS样式】|【新建】命令，弹出【新建CSS规则】对话框，在该对话框中将【选择器类型】设置为【类（可应用于任何HTML元素）】，将【选择器名称】设置为A4，将【规则定义】设置为【（仅限该文档）】，单击【确定】按钮，弹出【.A4的CSS规则定义】对话框，在该对话框中选择【分类】列表框中的【类型】选项，将Font-family设置为【微软雅黑】，将Font-size设置为13px，将Color设置

为#333，单击【确定】按钮，如图9-250所示。

图9-250

Step 34 再次选择文字，在【目标规则】下拉列表框中选择样式.A4，即可为文字应用该样式，然后在第三行的第二个单元格中输入文字【单肩包】，选择输入的文字并右击，在弹出的快捷菜单中选择【CSS样式】|【新建】命令，弹出【新建CSS规则】对话框，在该对话框中将【选择器类型】设置为【类（可应用于任何HTML元素）】，将【选择器名称】设置为A5，将【规则定义】设置为【（仅限该文档）】，单击【确定】按钮，弹出【.A5的CSS规则定义】对话框，在该对话框中选择【分类】列表框中的【类型】选项，将Font-family设置为【微软雅黑】，将Font-size设置为13px，将Color设置为#CA2B53，单击【确定】按钮，如图9-251所示。

图9-251

Step 35 再次选择文字，在【目标规则】下拉列表框中选择样式.A5，即可为文字应用该样式。使用同样的方法，在其他单元格中输入文字并应用样式，效果如图9-252所示。

Step 36 将光标置入大表格的第二个单元格中，按Ctrl+Alt+T组合键，弹出Table对话框，将【行数】设置为2，将【列】设置为3，将【表格宽度】设置为551像素，将【边框粗细】和【单元

图9-252

格边距】均设置为0，将【单元格间距】设置为8，单击【确定】按钮，即可插入表格，如图9-253所示。

图9-253

◎提示·◦

在表格的某个单元格中插入的另一个表格称为嵌套表格。当单个表格不能满足布局需求时，我们可以创建嵌套表格。如果嵌套表格宽度单位为百分比，将是它所在单元格宽度的限制；如果单位为像素，当嵌套表格的宽度大于所在单元格的宽度时，单元格宽度将变大。

Step 37 为新插入表格中的所有单元格应用样式.ge3，并选择所有的单元格，在【属性】面板中将【水平】设置为【居中对齐】，将【宽】设置为169，如图9-254所示。

图9-254

Step 38 将光标置入第一个单元格中，按Ctrl+Alt+T组合键，弹出Table对话框，将【行数】设置为3，将【列】设置为1，将【表格宽度】设置为169像素，将【边框粗细】、【单元格边距】和【单元格间距】均设置为0，单击【确定】按钮，即可插入表格，如图9-255所示。

Step 39 选择新插入表格中的所有单元格，在【属性】面板中将【水平】设置为【居中对齐】，如图9-256所示。

Step 40 将光标置入第一个单元格中，并插入素材图片【女包01.jpg】，然后在【属性】面板中将【宽】和【高】均设置为165px，如图9-257所示。

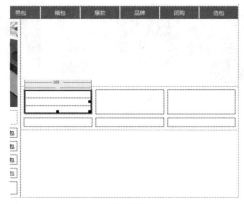

图9-255

图9-256

图9-257

Step 41 在第二个单元格中输入文字【韩版小清新潮流双肩包】，选择输入的文字并右击，在弹出的快捷菜单中选择【CSS样式】|【新建】命令，弹出【新建CSS规则】对话框，在该对话框中将【选择器类型】设置为【类（可应用于任何HTML元素）】，将【选择器名称】设置为A6，将【规则定义】设置为【（仅限该文档）】，单击【确定】按钮，弹出【.A6的CSS规则定义】对话框，在该对话框中选择【分类】列表框中的【类型】选项，将Font-family设置为【微软雅黑】，将Font-size设置为13px，单击【确定】按钮，如图9-258所示。

图9-258

Step 42 再次选择文字，在【目标规则】下拉列表框中选择样式.A6，即可为文字应用该样式，然后将单元格的【高】设置为22，如图9-259所示。

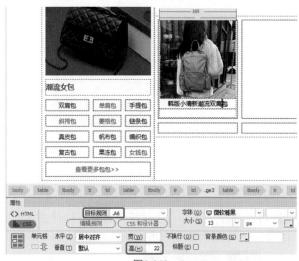

图9-259

Step 43 将光标置入第三个单元格中，在【属性】面板中将【高】设置为22，然后在该单元格中输入【¥128】，并为其应用样式.A5，效果如图9-260所示。

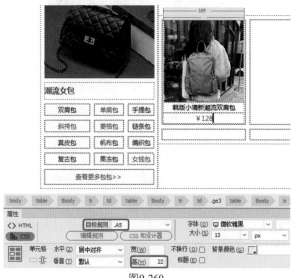

图9-260

Step 44 继续在第三个单元格中输入【¥169】，选择输入的文字并右击，在弹出的快捷菜单中选择【CSS样式】|【新建】命令，弹出【新建CSS规则】对话框，在该对话框中将【选择器类型】设置为【类（可应于任何HTML元素）】，将【选择器名称】设置为A7，将【规则定义】设置为【（仅限该文档）】，单击【确定】按钮，弹出【.A7的CSS规则定义】对话框，在该对话框中选择【分类】列表框中的【类型】选项，将Font-family设置为【微软雅黑】，将Font-size设置为13px，将Color设置为#333，选中line-through复选框，单击【确定】按钮，如图9-261所示。

图9-261

◎提示·◦
　　在输入的两部分内容之间，加一个空格。

Step 45 再次选择文字，在【目标规则】下拉列表框中选择样式.A7，即可为文字应用该样式，如图9-262所示。

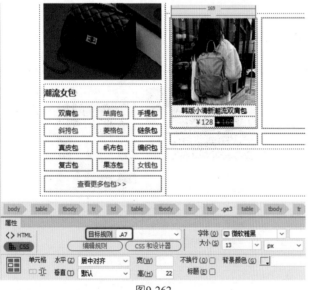

图9-262

Step 46 结合前面介绍的方法，在其他单元格中插入表格，并在插入的表格中添加内容，效果如图9-263所示。

图9-263

Step 47 将光标置入大表格的右侧，按Ctrl+Alt+T组合键，弹出Table对话框，将【行数】、【列】均设置为1，将【表格宽度】设置为800像素，将【边框粗细】、【单元格边距】、【单元格间距】均设置为0，单击【确定】按钮，即可插入表格。在【属性】面板中将Align设置为【居中对齐】，如图9-264所示。

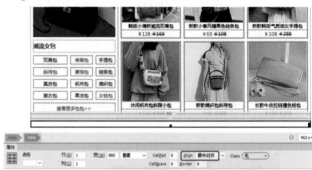

图9-264

Step 48 将光标置入新插入的表格中，在【属性】面板中将【高】设置为40，然后在菜单栏中选择【插入】|HTML|【水平线】命令，即可在单元格中插入水平线。单击【拆分】按钮，在视图中输入代码，用于更改水平线的颜色，如图9-265所示。

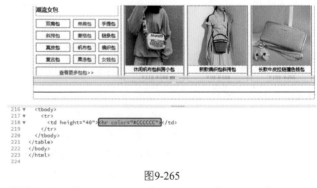

图9-265

Step 49 单击【设计】按钮，切换到【设计】视图，然后结合前面介绍的方法，制作男包区，效果如图9-266所示。

Step 50 将光标置入大表格的右侧，按Ctrl+Alt+T组合键，弹出Table对话框，将【行数】和【列】均设置为1，将

【表格宽度】设置为800像素，将【边框粗细】设置为0，将【单元格边距】设置为8，将【单元格间距】设置为0，单击【确定】按钮，即可插入表格。在【属性】面板中将Align设置为【居中对齐】，如图9-267所示。

图9-266

图9-267

Step 51 将光标置入新插入的表格中，在该表格中输入文字，并为输入的文字应用样式.A3，如图9-268所示。

图9-268

Step 52 将光标置入新插入表格的右侧，按Ctrl+Alt+T组合键，弹出Table对话框，将【行数】设置为1，将【列】设置为3，将【表格宽度】设置为800像素，将【边框粗细】和【单元格边距】均设置为0，将【单元格间距】设置为8，单击【确定】按钮，即可插入表格。在【属性】面板中将Align设置为【居中对齐】，如图9-269所示。

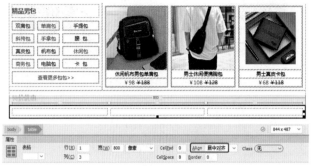

图9-269

Step 53 在新插入的表格中插入素材图片，效果如图9-270所示。

图9-270

Step 54 将光标置入新插入表格的右侧，按Ctrl+Alt+T组合键，弹出Table对话框，将【行数】设置为5，将【列】设置为4，将【表格宽度】设置为800像素，将【边框粗细】、【单元格边距】、【单元格间距】均设置为0，单击【确定】按钮，即可插入表格。在【属性】面板中将Align设置为【居中对齐】，如图9-271所示。

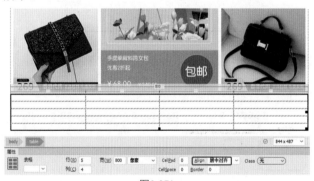

图9-271

Step 55 选择第一行的所有单元格，在【属性】面板中将【宽】设置为200，将【高】设置为40，将【背景颜色】设置为#f1f1f1，如图9-272所示。

Step 56 选择除第一行以外的所有单元格，在【属性】面板中将【水平】设置为【居中对齐】，将【高】设置为25，将【背景颜色】设置为#f1f1f1，如图9-273所示。

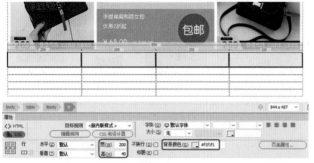

图9-272

图9-273

Step 57 将光标置入第一行的第一个单元格中，在【属性】面板中单击【拆分单元格为行或列】按钮，弹出【拆分单元格】对话框，选中【列】单选按钮，将【列数】设置为2，单击【确定】按钮，即可拆分单元格，如图9-274所示。

图9-274

Step 58 将拆分后的第一个单元格的【宽】设置为80，将【水平】设置为【右对齐】，将拆分后的第二个单元格的【宽】设置为120，如图9-275所示。

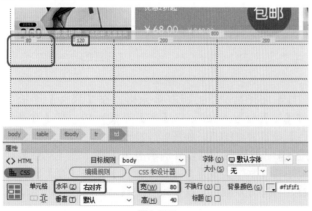

图9-275

Step 59 在拆分后的第一个单元格中插入素材图片【潮流女包.png】，在【属性】面板中将素材图片的【宽】和【高】均设置为30px，如图9-276所示。

图9-276

Step 60 在拆分后的第二个单元格中输入文字【潮流女包】，选择输入的文字并右击，在弹出的快捷菜单中选择【CSS样式】|【新建】命令，弹出【新建CSS规则】对话框，在该对话框中将【选择器类型】设置为【类（可应用于任何HTML元素）】，将【选择器名称】设置为A8，将【规则定义】设置为【（仅限该文档）】，单击【确定】按钮，弹出【.A8的CSS规则定义】对话框，在该对话框中选择【分类】列表框中的【类型】选项，将Font-family设置为【微软雅黑】，将Font-size设置为14px，将Font-weight设置为bold，单击【确定】按钮，如图9-277所示。

◎提示·◦
　　在输入文字之前先敲一个空格。

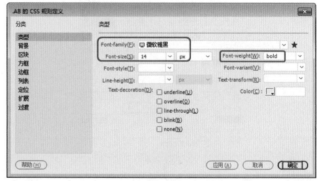

图9-277

Step 61 再次选择文字，在【目标规则】下拉列表框中选择样式.A8，即可为文字应用该样式，如图9-278所示。

Step 62 在第二行的第一个单元格中输入文字，并为输入的文字应用样式.A4，效果如图9-279所示。

Step 63 结合前面介绍的方法，拆分第一行中的其他单元格，然后插入素材图片，最后输入文字，并为输入的文字应用样式，效果如图9-280所示。

图9-279

图9-278

潮流女包		精品男包		功能箱包		更多优惠
双肩包 | 单肩包 | 手提包		双肩包 | 单肩包 | 手提包		旅行箱 | 行李箱 | 登机箱		周末疯狂购
斜挎包 | 菱格包 | 链条包		斜挎包 | 手拿包 | 真皮包		托运箱 | 化妆包 | 新潮包		女士长款钱包买一送一
真皮包 | 帆布包 | 编织包		帆布包 | 休闲包 | 商务包		沙滩包 | 亲子包 | 购物袋		60元起随意换
复古包 | 果冻包 | 女钱包		电脑包 | 卡包 | 腰包				

图9-280